歌曲中的科学

化学探秘

徐海 肖荣 ◎ 主编

科学普及出版社
·北京·

图书在版编目（CIP）数据

歌曲中的科学：化学探秘 / 徐海，肖荣主编．
北京：科学普及出版社，2025.4. -- ISBN 978-7-110
-10851-2

Ⅰ. O6-49

中国国家版本馆 CIP 数据核字第 2024ZT9218 号

策划编辑	郝　静　于楚辰　王秀艳	责任编辑	郝　静　孙　楠
封面设计	仙境设计	版式设计	蚂蚁设计
责任校对	张晓莉	责任印制	李晓霖

出　　版	科学普及出版社
发　　行	中国科学技术出版社有限公司
地　　址	北京市海淀区中关村南大街 16 号
邮　　编	100081
发行电话	010-62173865
传　　真	010-62173081
网　　址	http://www.cspbooks.com.cn

开　　本	880mm×1230mm　1/32
字　　数	143 千字
印　　张	6.25
版　　次	2025 年 4 月第 1 版
印　　次	2025 年 4 月第 1 次印刷
印　　刷	大厂回族自治县彩虹印刷有限公司
书　　号	ISBN 978-7-110-10851-2/O・207
定　　价	68.00 元

（凡购买本社图书，如有缺页、倒页、脱页者，本社销售中心负责调换）

编委会

顾　　问：邱冠周　苏　青
主　　编：徐　海　肖　荣
副 主 编：邓乐兮　廖国健
编委会成员：

　　　　　　楚婉苓　杨　敏　聂美玲　任　鑫　公　明
　　　　　　赵　聪　罗秦理　冯威夷　黄　薇　陆涌泉
　　　　　　刘慧玲　陈佳燕　黄华华　谭依婷　唐芝杰
　　　　　　谢　晶　肖林翼　肖裕典　肖伊伶　王　浩
　　　　　　沈博置　黎亮志　覃　方　韩　开　谢　淼
　　　　　　王苑祥　康素琪　李小燕　廖婷茗

发现科学与艺术交融之美

推荐序

在浩瀚的艺术海洋中,音乐以其独特的韵律和情感表达,跨越了语言和文化的界限,成为人类共通的语言。而化学,作为自然科学的重要分支,以其严谨的逻辑和令人神往的奥秘,揭示了物质世界的本质与转化规律。这两个看似不相关的领域,却能在歌曲中碰撞火花。在众多歌曲中,不乏以化学为主题或融入化学元素的作品,这些歌曲或以化学知识为歌词内容,或以化学现象为创作灵感,将科学与艺术巧妙地结合在一起。

本书的主要创作者徐海教授曾在中国科学院化学所攻读博士,他不仅为人谦逊,工作敬业,还富有创造力和想象力。同时,他博学,涉猎广泛,又热衷于化学科普。此前他曾主编了《名侦探之化学探秘》,该书获得全国优秀科普作品奖及中国化学会优秀科普图书等奖项。现在,徐海教授又作为"歌曲中的科学"科普知识产权(IP)创始人,多次举办"歌曲中的科学"科普征文活动,这一活动得到中国化学会的支持,中国化学会担任了活动的指导单位。徐海教授借助音乐传播科学知识，将大众喜闻乐见的传播方式用来推进科普事业发展。这次，他选择了《甜蜜蜜》《泡沫》等广泛流传的歌曲作为媒介，取其中的形意，深入歌词背后进行解读，旨在引导广大青少年读者不仅会听、会唱，还能从广为流传的歌曲中学习到知识，从中领悟科学世界的绚丽多彩。

《歌曲中的科学：化学探秘》不仅是一本关于科学知识的图书，更是一本展现科学与艺术融合之美的作品。作为一本科普作品，愿这本书能够成为一座桥梁，连接起科学与艺术这两个世界，让更多的人在享受音乐、享受歌曲优美旋律的同时，也能领略到化学世界的无限风光。让我们从这本书出发，利用歌曲推动科普事业的更大发展！

中国科学院院士
中国化学会理事长

自序

你也喜欢听歌吗?

也许,你喜欢周杰伦。他的歌旋律绕梁、词意绵长,是偶尔走在路边听到时的熟悉和点头跟唱。他的歌曲风格多变,有体现暖暖亲情的《听妈妈的话》《外婆》;有描写恬淡纯美或勇敢澎湃爱情的《简单爱》《晴天》《龙卷风》《爱情悬崖》;有激情四溢、张扬个性的《同一种调调》《双截棍》;更有古朴诗意的《青花瓷》《七里香》《东风破》。他的曲风,是中国风带点 Rap,很"拽"、很痴、很醉人,他的歌堪称引领了一个时代。

也许,你喜欢张信哲,他蜜嗓的情歌就像是一封从远方古道踏马而来的家书,打开的时候是满心期待的喜悦,一字一句读下来又变成雨后的微涩。也许,你喜欢朴树,他的歌既有散落天涯的忧郁,又有绚丽灿烂的绽放,他的歌曲从来不是靠底蕴,而是燃烧自己那炽热的情感。也许,你还喜欢邓紫棋,喜欢米津玄师,喜欢迈克尔·杰克逊……他们的作品有着不同的风格、不同的唱腔和不同的情感内涵。

可你知道我国最早的歌曲集是什么吗？是《诗经》。

《诗经》是中国最早的一部诗歌总集，共 311 篇，其中 6 篇为笙诗，即只有标题，没有内容，称为笙诗六篇。《诗经》不仅是我国文学史上的璀璨瑰宝，更是一本地地道道的歌曲集。在《诗经》中，除了极少数为贵族文人作品，其他绝大多数都是为老百姓所作的民谣。

商周时期，中国最早的成熟文字——甲骨文已经流行，但并未形成文字的广泛传播。那么，当时广泛传播的是什么呢？是歌曲。人们通过传唱歌曲的方式来表达并传颂他们的思想和情感。《诗经》记录了从西周初年至春秋中叶（前 11 世纪至前 6 世纪）社会生活的方方面面：既有先祖创业的颂歌、祭祀神鬼的乐章，也有贵族之间的宴饮交往、劳逸不均的怨愤，更有反映劳动、打猎、歌舞的日常生活，以及大量恋爱、婚姻、社会习俗的历史记载。

在古代，中国古典诗词不是用来读的，而是用于吟唱的。无论是先秦的《诗经》《楚辞》，还是唐诗、宋词、元曲，说到底都是以"歌曲"的形式进行大众传播的。所以，有着无"韵"不成诗的说法。"韵"乃诗歌之本，它体现的不仅是语言的美或精、平仄的格与律，更体现了其深蕴的思想和丰富的情感内涵。

伴随着文字的普及，文化发展到今天，歌曲和诗歌开始分离，歌是歌，诗是诗。歌和诗虽然在文字表达的形式上相通，但在传播方式上却截然不同。歌是通过演唱进行传播，诗是通过文字阅读进行传播。歌曲又有通俗歌曲、艺术歌曲、民族歌曲之分。

有人一提到歌曲可能会从心底里斥为浅薄，当我们过度地追求所谓娱乐至死的精神和盲目吹捧流量至上的流行歌星时，已经违背我们热爱音乐的初心了。但事实上，歌曲也有其符合大众审美之处，有的歌曲本身就来自《诗经》及唐诗、宋词。比如歌曲《在水一方》来自《诗经》中的《蒹葭》；2018年火遍大江南北的两首歌曲——《琵琶行》来自唐朝白居易的《琵琶行》，《知否知否》来自宋朝李清照的《如梦令》。而香港著名音乐人黄霑创作的《男儿当自强》则改编自唐朝的皇家乐曲《将军令》。当然，源自古典诗词和古典音乐的歌曲更是数不胜数，比如《但愿人长久》《独上西楼》《声声慢》《春江花月夜》等。

倘若能放弃对歌曲"一棍子打死"的以偏概全的看法，放弃一味用娱乐和消遣的眼光去看待歌曲，我们会发现，歌曲不仅体现了广泛深入的大众美学，而且还深藏着你可能未曾注意、未曾了解的科学知识。

《热爱105°C的你》中，为什么滴滴清纯的蒸馏水是105°C呢？《打上花火》中，烟花到底是扁的，还是圆的？它为什么绚烂但短暂?《卡路里》揭示了哪些常见食物富含卡路里?《兰亭序》所提到的书画作品实现墨香不退有什么科学原理?

在你的脑海中一定出现了诸多不解,那么,让我们翻开本书,一起发现歌曲中的科学吧!

CONTENTS
目　录

01	蜂蜜是不腐的食物吗？《甜蜜蜜》	001
02	怎样吃糖不发胖？《半糖主义》	016
03	泡沫为何一碰就破？《泡沫》	024
04	是肥皂而不是"瘦"皂 《好想好想你》	039
05	伟大的蒸馏工艺 《热爱105℃的你》	049
06	从冰力十足到极度深寒 《一百万个可能》	058
07	探索碳的永恒之谜 《兰亭序》	072
08	矿物颜料中的中国传统文化之美 《水墨丹青》	083
09	朱砂：是药物还是毒药？《白月光与朱砂痣》	091
10	星空下的魔法师 《打上花火》	100
11	燃烧我的卡路里 《卡路里》	117

12	让人上瘾的尼古丁 《戒烟》	127
13	揭秘温室气体之谜 《原罪犯》	140
14	大自然中的液体黄金 《栀子花开》	154
15	葡萄美酒夜光杯 《葡萄成熟时》	165
16	人类掌握的第一个化学反应——火 《小苹果》	175

01 蜂蜜是不腐的食物吗?

《甜蜜蜜》

《甜蜜蜜》(节选)

甜蜜蜜　你笑得甜蜜蜜
好像花儿开在春风里
开在春风里
在哪里　在哪里见过你
你的笑容这样熟悉
我一时想不起
啊　在梦里
梦里　梦里见过你
甜蜜　笑得多甜蜜
……

作词：庄奴

歌曲简介

《甜蜜蜜》是邓丽君演唱的歌曲，庄奴作词，歌曲曲谱取自印度尼西亚民谣《Dayung Sampan》，由香港宝丽金公司制作。该歌词创作者庄奴原名王景羲，出生于北京，中国台湾词作家。庄奴写词五十载，作品超过 3000 首，被称为邓丽君的御用作词人。

在创作《甜蜜蜜》时，庄奴未曾见过邓丽君本人，向人询问才得知这首歌是交给邓丽君唱的。庄奴只是在电视上看见过邓丽君，他的脑海里一下子浮现出那个长得很甜并且歌声很美的女歌手，便和"甜蜜蜜"这个词联系在一起，仅用 5 分钟就完成了《甜蜜蜜》的歌词创作。他说，如果不是因为邓丽君，他也许写不出这样的歌词，如果不是想到写给邓丽君，也许歌词就会大不一样了。一个巧合，铸就了一份永恒的经典。

析歌词

《甜蜜蜜》这首歌曲听起来让人觉得甜和美，与邓丽君甜而不腻的演唱风格非常契合。它结合了东方女性传统的唯美和西方女性现代的风情。这首歌曲的曲谱虽然属于印尼民谣，但在邓丽君的歌声里，却让人听到了一种东方风情。

学知识

1 "甜蜜蜜 你笑得甜蜜蜜 好像花儿开在春风里",春日里蜜蜂在花田中劳动,酿制成甜甜的蜂蜜。蜜蜂是如何从小花朵中实现蜂蜜酿造的呢?

蜂蜜是蜜蜂从开花植物的花中采得花蜜后,在蜂巢中酿制而成的。它口感甜蜜,未结晶时多呈黏稠且有光泽的液体状(图1-1),颜色从水白色至深琥珀色都有,有对应蜜源所特有的自然花香味。蜂蜜长期放置在低温环境下会结晶,结晶后多呈结构松软的乳白色或浅黄色固体状。

图1-1 ▲ 呈液体状的蜂蜜

蜜蜂是如何从花朵中提取花蜜从而实现蜂蜜酿造的呢?

花朵的腺体中会分泌一种甜味物质即花蜜,吸引蜂蜜前来采集。蜜蜂在采集蜜源时,会凭借抽水机似的长吻从花朵中吸取花蜜,并将其储存在特殊的储存胃——蜜胃中。

蜜蜂在将蜜胃填饱之后会返回蜂巢,并将花蜜传递给蜂巢中的内勤蜂进行酿造(图1-2),花蜜需要经过反复酿造才能成为成熟蜂蜜。工蜂中的内勤蜂会通过不断地扇动翅膀、舞动身体,蒸发掉蜜中大多数水分,使其中的含水量从60%下降到20%以下,形成高浓度的蜜液。在这过程中,蜜蜂体内还会分泌多种转化酶,经过15天左右的反复酝酿,各种维生素、矿物质和氨基酸丰富到一定数值时,把蜜中的多糖转变成易吸收的单糖,如葡萄糖、果糖,水分含量少于10%,存贮到巢洞中,用蜂蜡密封,最终形成成熟蜂蜜。酿造好的蜂蜜具有的主要成分为果糖和葡萄糖,可被人体直接吸收利用,同时又含有丰富的氨基酸、蛋白质、微量元素等活性成分。我国古人早就发现了蜂蜜极高的营养成分,《神农本草经》中将"石蜜、蜂子、蜜蜡"列为上品,指出有"除百病、和百药"的作用,且"多服久服不伤人"。

图 1-2 内勤蜂正在"工作"

2 所有的蜜蜂都会产蜜吗?

事实上,虽然大部分的蜜蜂都是勤劳的花粉采集者,但并不是所有蜜蜂都能从事此项工作。这与蜜蜂群体的分工协作有关系，蜜蜂群体中存在着不同的职责分工。蜂王（也叫"蜂后"）负责产卵，蜂王是蜂群里唯一能正常繁殖的雌蜂，在蜂群中的作用是产卵繁殖，分泌"蜂王物质"来维持蜂群的秩序。雄蜂负责交尾，雄蜂交配后的生殖器会脱落在蜂王的生殖器中，此时这只雄蜂也算完成了它一生的使命。工蜂是一种没有生殖能力的雌性蜜蜂，在蜂群中的数量是最为庞大的，其主要的职责为劳作。

工蜂会被安排到适合的工作岗位上，有的负责建造巢穴、照顾幼虫等事务，有的则会参与采蜜工作。因此，并非所有的蜜蜂都有采花的本领。大自然中有很多花是不完整或者没有被受精的，这样一来，即便是擅长采集花蜜的工蜂，也很可能收集不到可用的花粉或蜜汁，所以说"所有的蜜蜂都会采蜜"这一说法并不成立。

3　买回家的蜂蜜，在温度较低的时候会呈现出"猪油状"，这是变质了吗？

上文中对于蜂蜜的形态进行了简单阐述，蜂蜜长期放置在低温环境下会变成结构松软的乳白色或浅黄色固体状，这是一种正常现象，并不是变质了。因为蜂蜜是糖的过饱和溶液，所以有些蜂蜜在低温的情况下会产生结晶，外观上看形成如同猪油一般的白色或者浅黄色的固体状物质。

蜂蜜中葡萄糖和果糖的浓度大致相当，葡萄糖的溶解度较低，这是引起蜂蜜结晶的关键所在。由于葡萄糖分子本来毫无秩序地进行布朗运动，在不同的因素影响下，蜂蜜里葡萄糖超过了它的溶解度，成为过饱和溶液时，就有一部分葡萄糖在蜂蜜里开始有规则地运动，排列起来，形成一个微小的结晶核，成为一个结晶的中心。更多的葡萄糖分子有规则地排列在它的各面，逐渐形成较大的晶体，晶体从蜂蜜里分离出来，就形成了结晶蜂蜜。

然而蜂蜜结晶这一过程并不是这么简单的，它包括晶核形成和晶体生长两个阶段，是一个极其复杂的动力学过程。溶液从形成过饱和体系到出现晶核，随后在晶核的基础上不断成长为晶体。晶核的生成分为均相成核和非均相成核两种形式。均相成核指的是溶液自发长出晶核，晶核较为均匀，溶液各处成核概率相等，是一种理想化的状况。均相成核时，晶核在母相区域内各处的成核概率是相同的，而且需要克服相当大的表面能位垒，即需要相当大的过饱和度才能成核。但是，非均相成核时其母相内会存在某种不均匀性，例如其中存在的杂质等。这些不均匀性能有效地降低成核时的表面能位垒，在这种情况下过饱和度很小也可以顺利成核。晶核形成和晶体生长几乎是同时出现并连续进行的，二者没有明显的界线。不过在晶核形成之前，溶液必须处于过饱和状态，蜂蜜是糖的过饱和溶液，在酿造过程中会不可避免地混入一些植物的花粉粒、尘埃等成分，所以蜂蜜结晶主要是非均相成核。

蜂蜜在一定条件下会结晶，但并不是所有的蜂蜜都会结晶，这是为什么呢？

因为不同的蜂蜜有不同的蜜源，其成分也因为不同的蜜源植物而有所不同。蜂蜜的结晶程度不同与其所含的葡萄糖和果糖比例有关系，这两种单糖在体系中的比例因蜜源植物种类的不同而不同。研究人员发现，蜂蜜中所含的葡萄糖越多，其在蜂蜜中的过饱和度越大，就越容易结晶析出。当葡萄糖含量与果糖含量比达到2.5∶1时，这样蜂蜜能快速形成稳定的结晶沉积物。油菜蜂蜜和向日葵蜂蜜等含有葡萄糖较多，远大于果糖的含量，最容易结晶；枣花蜂蜜和槐花蜂蜜中葡萄糖含量少于果糖，不易结晶；荆条蜂蜜、山花蜂蜜、椴树蜂蜜、荔枝蜂蜜和桂圆蜂蜜中的葡萄糖含量与果糖含量相当，也较容易结晶。

4 蜂蜜为何被称为"液体黄金"？它具有哪些功效呢？

"朝朝盐水，晚晚蜜汤。"古人流传下来的养生之道，成为众多家庭的日常习惯。想想在烈日炎炎的夏天，吹着晚风，喝上一杯香甜的蜂蜜水，那简直是一大消暑享受呀！随着对蜂蜜研究的深入，蜂蜜的营养价值和保健功效越来越受到重视。蜂蜜的化学组成成分复杂，含有氨基酸、维生素、糖类、有机酸、生物酶、多酚类物质等多种活性物质，是一种极佳的天然营养物质。蜂蜜不仅是营养保健品，还是一种重要的药食同源的天然食品，有着悠久的使用历史。古人曾用蜂蜜腌制肉类，不仅能防止肉类腐败变质，还能保留其独特的风味，至今市场上仍存在形形色色的天然蜂蜜和蜂蜜制品。蜂蜜可作为创伤和烧伤等外伤的愈合剂，既能起到抑菌杀菌的作用，又能促进创面的愈合、缓解疼痛。蜂蜜还能辅助治疗外伤和消化道系统等疾病，在食品和医药应用领域具有巨大的潜力。

抗生素的广泛使用甚至滥用，使得许多病原微生物出现多重耐药的现象，这将对人类健康产生威胁，因此天然抗菌药物对于人类的意义重大。蜂蜜不仅是一种天然营养品，还是一种天然的抗菌剂，含有多种抗菌活性物质。能让蜂蜜发挥抑菌和杀菌作用的活性物质主要是过氧化氢（H_2O_2），这一物质主要是在蜂蜜的稀释过程中产生的，葡萄糖氧化酶被激活，葡萄糖因此被氧化成葡萄糖酸，并且将氧气还原成过氧化氢。蜂蜜产生的过氧化氢通常是杀菌剂（如3%双氧水）浓度的千分之一，这一低浓度的过氧化氢既能有效杀死细菌，又不损害正常细胞，使得蜂蜜可作为良好的创伤敷料加以应用。同时，蜂蜜中的过氧化氢会释放氧原子，氧原子与许多致病菌中所含的酶蛋白中的巯基（–SH）相结合改变其化学排列，使其失效而与巯基结合，由此改变酶的结构使得酶失活，抑制了部分病菌的生长代谢，从而实现抑菌杀菌的效果。

5 秋冬之际，许多人喜欢在清晨冲泡一杯蜂蜜水用于滋润嗓子、润肠通便，为什么蜂蜜能够起到这样的作用呢？

蜂蜜具有润喉的功效是因为在服用蜂蜜过后，蜂蜜可以形成一层薄膜，覆盖在喉咙上，从而缓解喉咙疼痛和炎症，还能减轻喉咙的干燥感，使喉咙更加湿润，所以大多时候人们会使用蜂蜜润喉。

早上起来用温水冲泡一杯蜂蜜水，能够起到润肠通便的作用，这与蜂蜜中含有大量的活性酶有关。蜂蜜中含有的益生菌也会被激活，有助于调节肠道内的菌群，帮助调节胃酸分泌，促进肠胃蠕动，有效地促进身体的新陈代谢，加速身体毒素的排出。再加上蜂蜜中含有大量的维生素和矿物质，其中维生素B_1能够增进食欲，保持肠胃通畅；所含有的钙能够增加肠道弹性，帮助维持肠胃自主神经功能正常。因此，对于一些有便秘、消化不良症状的人群，适当喝蜂蜜水能够有效减轻症状，促进身体健康。

6 蜂蜜自古以来被誉为永不过期的食品，然而，真的有永不变质的食物吗？

1913年，美国考古学家在埃及金字塔古墓中发现了一坛蜂蜜。经鉴定，这坛蜂蜜历经3300多年，居然一点也没有变质，还能食用。

蜂蜜为什么可以历经3300多年而不腐呢？

第一，蜜蜂在酿造蜂蜜过程中会对蜂蜜反复进行一系列的脱水动作，使其逐渐成为一种饱和的高渗高糖溶液。蜂蜜所含的水分非常少，细菌等微生物在高渗透压的蜂蜜中极其容易脱水死亡。第二，蜂蜜本身是一种酸性物质，其pH位于3~4.5之间，而大多数病原菌生长繁殖的适宜pH在7.2~7.4之间，蜂蜜这种酸度将杀死大部分在蜂蜜内部生长的细菌。当然仅仅这两点还不能保证蜂蜜可长时间保存且不易变质，蜂蜜保鲜还与其酿制过程中的一个关键步骤有关，即反刍。在采集蜂采蜜后返回蜂巢给内勤蜂进行酿造的整个过程中，蜜汁会在蜜蜂胃里和转化酶混合，生成葡萄糖酸和过氧化氢，过氧化氢的强氧化性能够杀死可能在蜂蜜里生长的细菌。在古代，人们就利用蜂蜜是细菌"绝缘体"的特性制作避免伤口感染的"天然创可贴"。古埃及人还经常使用药用蜂蜜制成药膏，治疗皮肤和眼睛疾病。

尽管蜂蜜因其特性不易变质，但是这也与储存环境有很大的关系。如果没有密封好，在潮湿的环境下蜂蜜还是会变质的。

走四方

1 正常情况下，蜂蜜呈现出一定的颜色和黏稠的液体状。然而，一些人可能会注意到蜂蜜表面有白色泡沫，这是发生了什么呢？

蜂蜜发酵是种常见的现象。蜂蜜发酵主要有两个原因，一是蜂蜜能吸收空气中的水分，浓度逐渐变低。二是未成熟的蜂蜜，含水量比较高。通常蜂蜜中含水量在 21% 以上，酵母菌容易生长繁殖。若蜂蜜中含水量超过 33%，酵母菌的活动则更频繁。如果酵母菌在蜂蜜中大量繁殖，就会将蜂蜜中糖分转化为酒精和二氧化碳，这就是蜂蜜的发酵。

有的蜂蜜很长时间没有吃，打开瓶盖时会像打开汽水瓶一般释放大量的气体，这一现象在夏天更为常见，这是蜂蜜中的酵母菌受热产生的。

蜂蜜在发酵之后，其酸度会增加，品质变劣，其中的营养成分和风味将会受到破坏，发酵越严重，破坏程度也越大。所以需要事先采取措施，如在保存蜂蜜的过程中需要避免与潮湿空气接触，平常喝完蜂蜜盖上盖子，可以避免蜂蜜吸收空气中的水分，也可以使蜂蜜保存得更久些。

遇到蜂蜜开始发酵的情况后应该如何处理呢？

如果蜂蜜处于轻微发酵的状态，这时可以将蜂蜜直接放置在冰箱中进行冷藏保存，低温条件可以减缓酵母进一步发酵，只不过这种方法只能在蜂蜜未被严重发酵的情况下使用。如果发酵严重，开始产生了酒味、酸味或是其他的怪味道，这时的蜂蜜就不建议继续食用了。

2 市面上常见的蜂蜜往往使用塑料瓶或玻璃瓶进行包装，在储存蜂蜜时有什么需要注意的吗？

蜂蜜中的葡萄糖和果糖可以吸收空气中的水分，导致稀薄和发酵。因此，蜂蜜应保存在干燥的环境中，并保持密封状态。此外，蜂蜜中含有多种酶和维生素，容易受光分解，所以最好储存在避光、阴凉、干燥的地方。

除了最基本的密封、阴凉干燥以外，蜂蜜还需要避免使用金属容器进行储存。因为在前文中就有提及，蜂蜜中内含有机酸等酸性物质，pH 在 3~4.5 之间，如果蜂蜜长期与金属接触，容易发生化学反应，蜂蜜因此被污染。所以不管是蜂巢蜜还是其他蜂蜜都不建议用铁、铜、铝等金属容器保存，也不建议用金属勺子取用，最好用木勺、陶瓷勺或玻璃勺取用。

3 天然的蜂蜜，存在于蜜蜂建筑的蜂巢中，仔细观察会发现，蜜蜂具有高超的建筑水平，将蜂巢都建筑成六边形的结构。人类纷纷感叹，称其为精密工程的奇迹，蜜蜂是如何做到的呢？

蜜蜂蜡筑的巢壁有着十分严格的厚度，格子相对水平面是倾斜的，以防止黏黏的蜜流出。整个蜂巢还与地球磁场方向对齐，蜂房呈现出严格的六角柱状体，一端是平整的六边形开口；另一端是封闭的六角棱锥形的底，由三个相同的菱形组成。组成底盘的菱形的钝角为 109°28′，所有的锐角为 70°32′，这种精确的几何形状使得蜜蜂蜂房结构稳定，不易摇晃。数学家们对此进行了精密计算后发现，这种结构可以最有效地利用空间，使材料消耗量降至最低，容量达到最大。宋心仿所著的《蜜蜂王国探秘》中对此也进行了介绍：如果蜜蜂的巢房为其他图形，在同样的体积之内，如果是三角形只能放 32 个，如果是正方形只能放 42 个，但正六边形却能放 49 个。可见，正六边形的巢房较节约材料，这项工程并不存在实施之前的蓝图与规划，仅仅依靠无数的蜜蜂同时工作，并以某种奇特的方式协调实现。因此，蜜蜂被称为"自然界的数学家"。

正因为蜜蜂巢房呈正六边形的特殊结构，该机构被广泛地运用到建筑业、航天业等领域中，其实用性和科学性，令许多建筑师都佩服。

4　超市里的"平价"蜂蜜似乎不太符合"液体黄金"的身份？

大家应该有所发现，在生活中，一些知名的蜂蜜生产地出售的蜂蜜价格昂贵，而在超市里的蜂蜜价格相对来说实惠很多，不太符合"液体黄金"的美称。这是超市的一种薄利多销的营销手段，还是超市里的蜂蜜并不是真蜂蜜呢？这其中暗藏着怎样的秘密呢？

蜂蜜因为具有极高的营养价值，而深受人们喜爱，加上我国蜜源稀少，真实的蜂蜜是供不应求的，物以稀为贵，因此蜂蜜的价格常年来居高不下。而这样的现象却给某些不良商人制造了牟利的机会，他们为了追逐暴利，不顾道德底线，利用化学药品人工制造蜂蜜，而这样的假蜂蜜极少含有维生素、氨基酸和微量元素等营养物质，且制作流程简单、成本低下。商场中的那些价格明显实惠的蜂蜜极有可能是人工制造的假蜂蜜。

查找资料后得知，常见的制作假蜂蜜的方法有：

原蜜掺假法：往纯蜂蜜中掺水、掺糖浆或其他劣质蜂蜜，用这种方法做出来的假蜂蜜和真蜂蜜在外观上有很大的相似性；

饲喂白糖法：简单来说是指流蜜期大量给蜂群饲喂白糖生产假蜂蜜，用这种方法做出来的假蜂蜜很难辨别；

人工浓缩法：这种方法指的是用含水量超高的"水蜜"经浓缩设备人工浓缩成的蜂蜜，用这种方法做出来的假蜂蜜在外观上和真蜂蜜几乎没有区别，但在营养价值上却完全不能与真蜂蜜相提并论。

如果长期饮用假蜂蜜，不仅没有养生功效，还会影响身体健康。近年来，有很多有关假蜂蜜的新闻，甚至在朋友圈里面疯狂转发。低价售卖假蜂蜜，误导了很多无法分辨真假蜂蜜的消费者，以及想要购买蜂蜜的人们。

在购买蜂蜜时，如何挑选较好的蜂蜜呢？

辨别市场上的假蜂蜜，消费者可通过包装进行简单鉴别，看标签上是否标明符合 GB 14963—2011 要求，这是现行的食品安全国家标准（蜂蜜），意味着企业承诺包装内的东西是蜂蜜。除了用这个标准鉴别真假蜂蜜以外，生活中还可以利用一些小窍门对蜂蜜进行辨别：对于出现结晶的蜂蜜可用手捻，黏手、发黏的是真蜂蜜，加了糖的蜂蜜结晶部分捻开后还是颗粒，感觉硌手，不发黏。将液体蜂蜜，取一部分滴在餐巾纸上，如果蜂蜜散开了，说明蜜中含水量比较高。超市中的瓶装蜂蜜不能打开，可以观察一下蜂蜜上层是否有气泡，如果有，说明蜂蜜水分大、浓度不够或存放时间太长导致发酵，这样的蜂蜜保存期比较短，容易坏。

趣实验

蜂蜜含有葡萄糖，尝起来甜甜的。超市中最常见的棒棒糖中也含有葡萄糖，我们借助小小的棒棒糖，可以呈现一个神奇的实验——"棒棒糖变色龙"，如同变色龙一样，借助棒棒糖可以实现多种颜色变化。

在烧杯中称取 1 克氢氧化钠，再往其中加入 0.5 克高锰酸钾，在烧杯中加入 250 毫升水，用玻璃棒进行充分搅拌，这时可以看到，溶液呈现出紫色。随后将棒棒糖伸入溶液中进行不断搅拌，会发现溶液逐渐由紫红色变为绿色，随后不断搅拌，颜色又由绿色变为黄色。

这样神奇的实验现象是因为实验中溶液颜色变化来自锰化合物。在碱性溶液中加入少量高锰酸钾，溶液开始呈现紫色。将一根棒棒糖浸入溶液中搅拌，高锰酸钾被棒棒糖中的还原性糖还原，先是高锰酸钾还原成锰酸盐，溶液呈绿色。再次搅拌，锰酸盐继续被还原生成二氧化锰，少量二氧化锰分散在水中呈黄色。用葡萄糖溶液代替棒棒糖，溶液变色会更快。

棒棒糖变色龙

做总结

《甜蜜蜜》这首歌无论从唱法、曲调，还是歌名、歌词本身都给人一种甜甜蜜蜜的感受,这便是邓丽君的才华,透露着东方的韵味和魅力。美妙动听的旋律、通俗易懂的歌词,以及邓丽君甜美的歌声铸就了这首歌曲的成功,《甜蜜蜜》成为我国音乐史上永恒的经典。

02 怎样吃糖不发胖?

《半糖主义》

《半糖主义》(节选)

……
我要对爱坚持半糖主义
永远让你觉得意犹未尽
若有似无的甜
才不会觉得腻
……

作词:徐世珍

🎵 歌曲简介

《半糖主义》是华语女子天团 S.H.E 于 2003 年发行的第五张专辑《Super Star》中的歌曲,是 S.H.E 的翻唱歌曲。原唱为 i5 女团的《Cinderella》。

三、析歌词

歌曲传达了一种健康的爱情观和生活态度,"半糖主义"象征着适度的甜蜜,像恰到好处的甜味,既不过于腻人,也不让人感到空虚。

学知识

1 糖是人体六大基本营养物质之一,对于人体而言十分重要。

糖,如果按照我们的生活习惯,可能会将它定义为尝起来甜的物质,但是在化学学科中对于糖类物质有非常科学的定义,即糖类物质是多羟基(2 个或以上)的醛类或酮类化合物,在水解后能变成以上两者之一的有机化合物。在化学上,由于其由碳、氢、氧元素组成,在化学式的表现上类似于"碳"与"水"聚合,故又称之为碳水化合物。网络上常说的"碳水炸弹"指的就是碳水含量很高的物质。

糖类物质在化学中可以用化学通式来表示，$C_n(H_2O)_m$，不过有一定化学基础的朋友会发现，有些糖不一定符合此通式，如鼠李糖；而有些符合此通式的物质也不一定是糖，如甲醛、乙酸、乙酸乙酯等，所以糖类物质的判定还是要根据定义来进行。

2 生活中常习惯将糖类分为白砂糖、冰糖，那么在化学中如何进行分类呢？

在化学学科中，糖类根据其是否能水解，以及水解以后的产物，可分为单糖、二糖、多糖及低聚糖。

单糖指的是不能水解为更小糖类的糖，代表物有葡萄糖和果糖。葡萄糖：白色晶体，有甜味，易溶于水，存在于带甜味的水果里。正常人的血液里含有质量分数为 0.1% 的葡萄糖。果糖：无色晶体，通常为黏稠状液体，易溶于水、乙醇和乙醚，存在于水果和蜂蜜中。

二糖指的是 1 分子糖能水解生成 2 分子单糖的糖，常见的二糖有蔗糖和麦芽糖。蔗糖：白色晶体，易溶于水，存在于大多数植物体内，以甘蔗和甜菜中的含量最高，分子中无醛基。麦芽糖：白色晶体，易溶于水，有甜味，分子中有醛基。

多糖顾名思义，即 1 分子糖水解后能产生很多分子的单糖的糖。代表物有淀粉和纤维素。淀粉：白色、无嗅无味粉末状物质，不溶于冷水，在热水中颗粒会膨胀破解，一部分溶于水，另一部分悬浮于水中，形成胶状淀粉糊。主要存在于植物的种子、根和块茎里，其中谷类中含淀粉较多。纤维素：白色、无嗅无味的具有纤维状结构的物质，一般不溶于水，也不溶于一般的有机溶剂，它是构成植物细胞的基础物质。

1分子糖水解后能产生2~10分子单糖的糖，则被称为低聚糖，上文介绍的二糖也属于低聚糖。

可见，糖类物质是一个较大的群体，远不是我们日常生活中所了解的那么简单。

3 糖类既然是人体重要的营养物质之一，那么糖类在人体中是如何进行转化并最终被人体吸收利用的呢？

人们摄入由许多单糖分子组成的高分子化合物，即多糖，如淀粉、纤维素等。由于人体内没有对应的分解酶，所以无法消化吸收纤维素。在人体内，多糖需要借助各种对应的酶，经过消化和吸收的过程才能被利用。以淀粉为例，淀粉首先会在口腔中被唾液中的淀粉酶分解，然后进入胃部，最后进入小肠，被肠道淀粉酶和麦芽糖酶分解成单糖分子。

当多糖被分解成单糖之后，人体就能够吸收单糖分子来支持人体的日常活动。单糖分子通过肠壁上的绒毛进入血液循环系统。在小肠上皮细胞上，有许多载体蛋白质，如 GLUT2 和 SGLT1，它们能够将单糖分子从肠道中吸收到细胞内。随后在单糖分子进入肠道上皮细胞后，通过基底侧膜进入毛细血管，然后通过静脉进入肝脏。在肝脏中，单糖分子被转化成葡萄糖，并被储存或释放到血液中。转换成为葡萄糖之后，可以被肌肉、脑部和其他组织利用，为人体的生命活动提供能量。因此，葡萄糖也是人体内最重要的能量来源之一。

4 现代人由于饮食习惯问题常摄入高油、高糖的食物，加上生活习惯等因素常诱发糖尿病，借助化学原理也能对糖尿病进行初检！

患糖尿病的病人尿液中含有葡萄糖（一种还原糖），能够与斐林试剂发生化学反应产生一定的变化，从而可以判定尿液中存在葡萄糖，具体原理又是如何呢？

先从斐林试剂的发源开始讲起，1849 年，德国化学家斐林发明了斐林试剂。它是由 0.1g/mL 的氢氧化钠溶液和 0.05g/mL 的硫酸铜溶液，还有 0.2g/mL 酒石酸钾钠配制而成的，其本质是铜离子和酒石酸形成的配合物——酒石酸合铜（高中阶段认为是新制的氢氧化铜）。这种斐林试剂可以与葡萄糖这类具有还原性质的单糖，即还原糖反应生成砖红色的沉淀。其原理用化学方程式表示：

$$CH_2OH(CHOH)_4CHO + 2Cu(OH)_2 \xrightarrow{\text{加热}}$$
$$CH_2OH(CHOH)_4COOH + Cu_2O \downarrow + 2H_2O$$

斐林试剂在与还原性糖共热时，原本为蓝色的斐林试剂中析出红色的氧化亚铜沉淀。在氧化亚铜析出过程中，反应液的颜色可能经过蓝色→绿色→黄色→砖红色沉淀的逐渐变化，反应较快时，直接观察到砖红色沉淀（图 2-1）。

正是由于它与可溶性的还原性糖（葡萄糖、果糖和麦芽糖）在水浴加热的条件下，能够生成砖红色的氧化亚铜沉淀，斐林试剂便常用来鉴定可溶性的还原性糖是否存在。

虽然这一方法可以作为检验尿液中是否含有还原糖的依据，但并

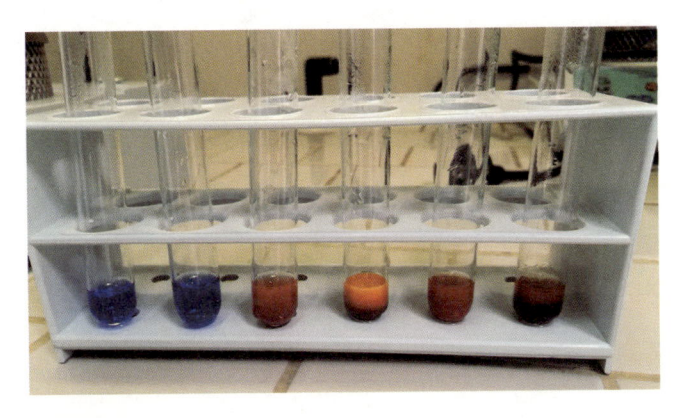

图 2-1 ▲ 斐林试剂与还原性糖反应生成砖红色沉淀

不能依据这一点就断定人一定患上了糖尿病。关于糖尿病的成因相对较为复杂，如果想要确定具体病情，还是需要到医院做系统的检查。

走四方

1 糖类中的葡萄糖可以与斐林试剂发生化学反应生成砖红色沉淀，除此之外，这类糖还可以制作镜子！

用葡萄糖制作镜子听起来实在匪夷所思，当然不能仅仅使用葡萄糖，还需要借助其他化学药品才行。这个反应在化学中被叫作银镜反应，其实质是银的化合物溶液与还原性物质一起反应，被还原为单质银的一个过程，由于生成的单质银附着在容器内壁上，光亮如镜，所以这一反应过程也被称作银镜反应。

常见的银镜反应是银氨溶液被醛类化合物还原为银，而醛被氧化为相应的羧酸根离子的反应。用葡萄糖制作银镜的化学方程式为：$C_6H_{12}O_6+2[Ag(NH_3)_2]OH \rightarrow C_5H_{11}O_5COONH_4+3NH_3\uparrow+2Ag\downarrow+H_2O$，整个反应需要在控制水浴加热的条件下进行。

趣实验

可乐是一种含糖量很高的饮料，由于它能够给人带来绝佳的味觉体验而备受人们喜爱，这种常见的饮料又有哪些奥秘值得探寻呢？

往可乐中投入一颗曼妥思薄荷糖，会发现可乐如同喷泉一般喷射而出（图2-2），如果将可乐用量以及曼妥思薄荷糖用量扩大，

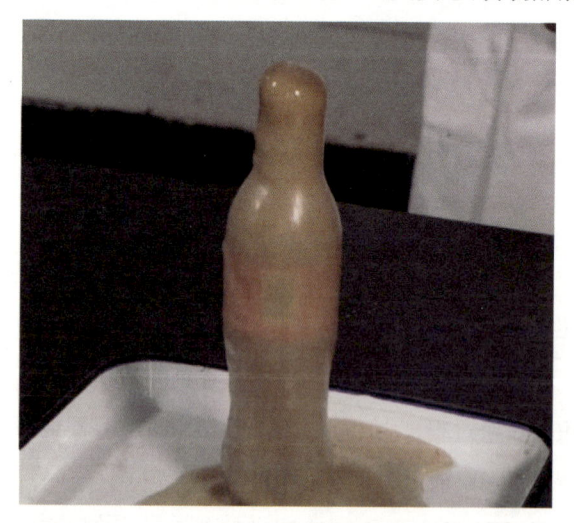

图2-2 ▲ 利用曼妥思薄荷糖和可乐制作"可乐喷泉"

喷泉的效果将会更加明显和壮观。其实这与可乐这一碳酸饮料的成分有关，由于可乐中含有大量的二氧化碳，而曼妥思薄荷糖粗糙的表面存在很多的小孔，这种独特的微孔结构是形成二氧化碳泡沫的理想场所，大量的二氧化碳可以附着在糖表面产生。同时曼妥思薄荷糖含有阿拉伯胶，这个成分会让水分子的表面张力更容易被突破，使可乐以惊人的速度释放更多的二氧化碳。加上曼妥思的密度比水大，加进去立即沉底，在底部迅速产生气体将可乐顶出，可乐喷泉就这样出现啦！

可乐喷泉

做总结

"半糖主义"代表的是一种健康的生活态度。在爱情中，我们不要付出十分"蜜糖"的甜度，只要"一半"就好，在给对方甜蜜的同时不失去自己的立场，要掌握那个甜蜜的程度，就是半糖。在面对生活时，要学会自我调节，让日子不过于苦涩或过于顺利，保持一定的距离和平衡，这样才能让生活充满动力和希望。

03 泡沫为何一碰就破？

《泡沫》

《泡沫》(节选)

阳光下的泡沫　是彩色的
就像被骗的我　是幸福的
追究什么对错　你的谎言
基于你还爱我
美丽的泡沫　虽然一刹花火
你所有承诺　虽然都太脆弱
但爱像泡沫　如果能够看破
有什么难过
……

作词：邓紫棋

♪ 歌曲简介

《泡沫》是邓紫棋于 2011 年创作的一首伤感情歌。当时邓紫棋正处于失恋期，在感情、工作上都觉得压抑，于是独自买了机票飞往美国纽约，在那停留了一个礼拜。有天她在纽约的街头看到有几个"小丑"在吹泡泡，画面很美，当时的她看来，泡泡虽然漂亮，但是用手一碰就破了。邓紫棋便联想到谎言也犹如泡沫，很美丽却很脆弱，而破裂的一刻更让人心碎，于是她就着手创作该曲。该歌曲收录于邓紫棋 2012 年发行的音乐专辑《Xposed》。2013 年，《泡沫》获得全球华语歌曲排行榜年度最受欢迎二十大金曲奖。

二、析歌词

《泡沫》的旋律大气且富有感染力，表现出了邓紫棋宽阔的音域和丰富的演唱技巧。歌词中道出了爱与承诺的脆弱，同时也能爆发出巨大能量，如同看透爱情泡沫而破茧新生。歌词"爱本是泡沫"，亦让听者共情。该曲向听者揭示了一个道理：爱情如泡沫般唯美动人，但是用手轻轻一碰就破了，提醒人们要珍惜对方，守护爱情的美好。

学知识

1 泡沫是如何形成的？

泡沫形成的原理主要涉及两个因素：表面张力和气体溶解度。

表面张力是指液体表面上的分子之间的相互作用力,这是一种使液体表面收缩的力,它会阻碍液体形成大曲率的形状。当液体受到外界的扰动,例如外力进行搅动或者往其中注入气体等,液体表面的分子会聚集在一起形成薄薄的一层,这时泡沫便开始形成。

气体溶解度指的是气体在液体中溶解的程度。当液体中含有溶解的气体时,气体分子会在液体中扩散并与液体分子相互作用。当外界对液体施加了压力或溶解度降低时,气体会从溶液中析出并形成气泡。当多个气泡聚集就形成了泡沫。

在洗碗的时候,往水中加入洗洁精后,会出现许多泡沫,但纯水中却很难形成泡沫,这是为什么呢?

水面上水分子之间的相互吸引力强于水分子与空气之间的相互吸引力,这些水分子就像黏在一起一样。如果水分子过度结合,表面张力太大,泡沫反而不容易形成。一般在正常情况下,纯水的表面张力很大,水分子会紧紧地聚在一起,所以它只会成为水滴而不能成为中空的泡泡。但往水中加入如肥皂水这种物质后,水便能够较为容易地生成泡泡,泡泡还能够在一定时间内稳定存在,这是因为肥皂水中含有一种叫作表面活性剂的物质。

表面活性剂是一种特殊的分子,它有一个亲水的头和一个疏水的尾。当表面活性剂溶解在水中时,它们会自动排列在水的表面,使亲水的头朝向水,疏水的尾朝向空气。这样,表面活性剂就形成了一个薄膜,降低了水的表面张力。当表面张力降低时,液体就可以更容易地被拉伸和弯曲,从而形成泡泡。

当不溶气体在外力作用下,在水中形成气泡,气泡就有了气液界面。表面活性剂会对气液界面进行吸附,形成吸附层,吸附层会阻碍气泡与气泡之间的碰撞和合并。当气泡浮出水面，气泡膜上会有双层的活性剂吸附层。这种吸附层对气泡膜起到保护作用，因而气泡不易破裂，形成稳定气泡。气体分散在液体中的状态称为气泡（图 3-1），大量气泡聚集在一起形成的分散体系称为泡沫。

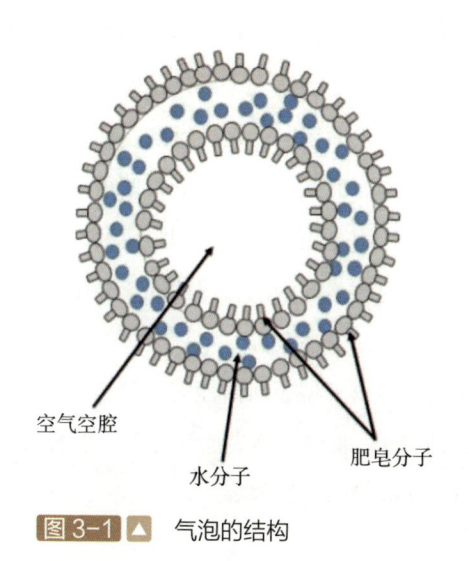

空气空腔

水分子

肥皂分子

图 3-1 ▲ 气泡的结构

2 除了肥皂水以外，还有哪些常见的表面活性剂呢？

表面活性剂是一种能够使两种液体间，或者是液体与气体间、液体与固体间的表面张力显著降低的化合物。表面活性剂的分子结构具有两性特征：一端为亲水基团，另一端为疏水基团。亲水基团常为极性基团，如羧酸、磺酸、硫酸、氨基或胺基及其盐，羟基、酰胺基、醚键等基团也可作为极性亲水基团；而疏水基团通常为非极性烃链，如含 8 个碳原子以上的烃链。这两类结构与性能截然相反的分子基团分别处于同一分子的两端，并通过化学键相连接，形成了一种不对称的、极性的结构，所以该类分子既亲水，又亲油，但并不是指整体亲水或亲油，而是一种"双亲结构"。

在纯水中加入表面活性剂后，由于非极性基团与水分子的吸引力远小于水分子之间的吸引力，所以它的存在有利于表面活性剂分子聚集在溶液表面或水—油的两相界面。因此当表面活性剂溶于水时将会吸附在水的表面上，出现了极性基团向着水，非极性基团指向空气（或油相）的表面定向，这种定向排列使水和另一相的接触面减小，从而使水的表面张力显著降低，使得泡泡更容易生成。泡沫在表面活性剂的作用下更容易产生和稳定存在，促进泡沫生成的表面活性剂称为发泡剂或起泡剂，促使泡沫稳定存在的表面活性剂称为稳泡剂。

表面活性剂分为离子型表面活性剂（包括阳离子表面活性剂与阴离子表面活性剂）、非离子型表面活性剂、两性表面活性剂、复配表面活性剂、其他表面活性剂等。

3 "早该知道泡沫，一触就破"，为什么泡沫会一触就破呢？

泡沫很脆弱，用手一戳就破了，因为这一特性，很多人将其运用到金融领域，将由于缺乏实体经济支撑的资产形容成"泡沫经济"，因为其资产犹如泡沫一般容易破裂。

为什么用手指触碰泡泡，泡泡就会破裂呢？

泡沫由许多泡泡汇集而成，泡泡实际上是由一层薄薄的肥皂水包围的空气袋，水分子具有相互之间吸引和粘连的特性，使得水分子之间产生吸引力，这也就是上文所述的表面张力。气泡内部的空气具有一定的压力，与表面张力一起形成一个脆弱的平衡，在平衡条件下能够保证防止气泡发生爆裂。不过这种平衡是非常脆弱的，只需要一阵风，或者借助我们干燥的手指，就很容易打破表面张力，从而破坏泡泡脆弱的外层，导致泡沫破裂。并且干燥的空气也能够导致水从脆弱的薄层中蒸发，薄层会变得越来越薄，最终导致泡沫破裂。

4 "阳光下的泡沫是彩色的"，为什么泡沫在阳光下会是彩色的呢？

泡沫在阳光下会呈现出七彩的颜色，这其实是一种光的干涉现象，即薄膜干涉。干涉指的是两列或两列以上的波在空间中发生叠加从而形成新的波形。高中物理的课本中曾有涉及，只有两列光波的频率相同，相位差恒定，振动方向一致的相干光源，才能产生光的干涉。也就是说普通独立的光源无法产生这种干涉现象，在高中课程中，老师会借助双缝干涉实验来展示干涉现象，即将同一光源利用分光镜来产生两束可发生干涉的光线。

当我们用肥皂或者洗衣粉制作的泡泡水吹出泡泡之后，常会发现这些泡泡能够在阳光下产生七彩的光芒，并且这种彩色的光芒不断变化，随着时间的延长，泡泡的色彩会逐渐消失，最终泡泡会破裂。

泡泡实际上是一层薄膜包裹着里面的气体，显然，泡泡的七彩光与这层薄膜密切相关。当光线照射到薄膜时会发生反射与折射现象，当光线在光疏介质与光密介质中传播时，在临界面会发生折射。因此光就被分为两部分，一部分反射回大气，另一部分则在薄膜内折射后继续传播。

如图 3-2 所示，S 为光束，沿直线照射到第一层膜上，在 A 点处，一部分光被反射，呈现光线①最终到 P 点；另一部分光则透过第一层膜被折射到第二层膜，并在第二层膜上反射，所以，一束光会在这层薄膜中来回反射回第一层膜，又在第一层膜的 C 点处发生折射，呈现光线②最终与光线①平行。因此，光在透过薄膜后，会在薄膜中进行不断地反射，必然有一定的光线"相遇"，同时由于太阳光，就有可能发生干涉现象。这种复合光由不同波长的光波共同组成，光线发生折射之后，光波的波峰与波峰、波谷与波谷、波峰与波谷相遇，有的还介于两者之间，泡泡表面薄膜上就会呈现出不同的色彩。

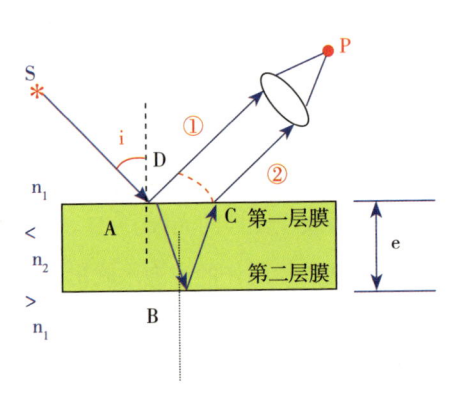

图 3-2　光线在薄膜上的反射与折射路径

泡泡在空气中其颜色会发生变化，最终颜色消失，这又是为什么呢？

在泡泡的薄膜表面，光的干涉是随机的，所以泡泡的不同位置的颜色会随机变化。泡泡的颜色会慢慢消失，与重力密切相关。尽管泡泡很轻，但仍旧受到重力的影响，在重力的作用下泡泡顶部的水会慢慢往两侧流，随着水分的不断蒸发，泡泡顶部的薄膜越来越薄，最终破裂，所以泡泡在阳光下的七彩颜色会消失不见。

5 为什么泡泡总是球形的？

设想如果往一个气球中注水，水会因为有气球的包裹而不会流出。这一现象在生活中也比较常见，例如水龙头关闭之后，常常会出现一滴小水滴在水龙头口保持静置悬挂的状态，这时水滴并没有气球表面包裹，为什么不会轻易掉落下来呢？因为这时的水滴存在一个看不见的力量包裹着它，从而使其不掉落。

这种现象其实是由于表面张力才能得以实现。从化学的微观视角来看，水由非常多的水分子组成，众多的水分子连接在一起就会产生相互吸引的一种力，而处于最边缘的水分子会被内部的水分子紧紧地吸引着。内部水分子的吸引力超过了空气分子对边缘水分子的吸引，这种力也就是表面张力，像一种无形的网包裹在水滴的外面。

泡泡中间是空气，外边是一层薄膜。肥皂泡的内外都有空气对它产生压力，由于表面张力的作用会使肥皂液薄膜处于一种最紧凑的状态，水分子以最紧凑的状态连接在一起。世界上最紧凑的形状就是圆球形，在内外空气的压力下和表面张力的作用下，这层肥皂泡的薄膜成了紧凑的圆形。因此，我们在吹泡泡时，往往会看到泡泡在空气中呈现出球形。

走四方

1 泡沫会在表面张力的影响下生成，生活中其实还有许多现象与表面张力有关。

因表面张力而产生的各种现象，在生活中十分常见。在这些现象中，接触角是一个十分重要的因素，即在气、液、固三相交点处所作的气—液界面的切线与固—液交界线之间的夹角 θ，若 θ<90°，则固体是亲液的，即液体可润湿固体；若 θ>90°，则固体是疏水的，即液体不易润湿固体，容易在表面上移动。

清晨的公园中，常常能够看到荷叶上有晶莹的露珠在上方滚动，这时荷叶上的水在其表面的接触角是处于 130°~160° 之间，不易润湿表面。荷叶之所以会出现这样的现象，是因为其表面的纳米纤毛结构使其具有与水的超高接触角，因此荷叶具有很强的疏水性，借助这一特殊的结构，荷叶具有自洁的功效，水珠在滚动过程中即可将灰尘带走，从而达到洁净效果。

科学家从荷叶的这一特性中找到灵感，开发出可以运用在建筑物外墙、汽车烤漆、卫浴设备瓷釉上的涂层，这些涂层材料能实现防水和自清洁的效果。日常许多的服饰，表面经过特殊涂层处理后，便能够起到防水的效果，正是应用了这一原理。

实际上，这种表面张力的大小与液体性质及液面外相邻物质的性质、温度以及液面中所含的杂质有关。一般情况下，温度越高，表面张力越小，洁净的没有任何杂质的水往往会有很大的表面张力，沾有肥皂液的水表面张力就比较小，表面张力较小的时候，便很容易生成泡沫。

2 为什么在吃火锅时，红油锅中也会出现许多泡沫呢？

火锅中的泡沫主要是一些蛋白质、脂肪、血浆等细小颗粒与空气的混合物。在吃火锅的时候，我们常能看到火锅汤的表面有一层十分厚的火锅油，在煮食材的时候，里面的许多大分子的动物油脂会与一些物质结合，遇高温会释放热量，从而出现气泡。

当锅里的温度越高时，锅中的泡沫会冒得越多（图 3-3）。由于泡沫很不稳定，所以很多泡泡会在锅中破裂，但是火锅煮的时间过长后，会发现其表面出现了一些没有破裂的泡沫，这是因为其中的表面活性剂发挥了作用。表面活性剂既能够与水亲近，又能够与油亲近，具有降低液体表面张力的作用。这时锅中的表面活性剂就

图 3-3 ▲ 火锅久煮之后的浮沫

不再是洗洁精或者肥皂水了，而是锅中食物里的蛋白质。蛋白质也具这种"双亲"的性质，当火锅食材中的蛋白质溶解到汤里后，蛋白质就发挥了表面活性剂的起泡作用，从而使得火锅汤底中的泡沫能较为长久地存在。

除了蛋白质作为表面活性剂使得火锅中的泡沫具有稳定性以外，火锅中的多种调味料，以及后续往其中加入的许多蔬菜、肉类、豆制品、菌类等，会由于高温烹煮产生许多杂质，汤底也会逐渐变得越来越黏稠，这也能够降低汤的表面张力，从而使得泡沫稳定地存在。

不过需要注意，火锅煮得太久，食物中的嘌呤物质、脂肪和钠等成分就会溶解在汤底中，摄入太多容易提升人体的尿酸水平，引发痛风，出现关节疼痛的症状。在保证食材新鲜安全的前提下，这种泡沫是不会对人体产生危害的，不过煮的时间过长的火锅还是不建议喝汤底。

3 网络上曾流行一种"火云掌"的小魔术，这是真的练就了一番绝技吗？难道火焰捧在手上不会被烫伤吗？

提到火云掌，可能很多人会第一时间想到周星驰的经典电影《功夫》，里面的火云邪神相信很多人都还记忆犹新。火焰往往给人的感觉是危险的，将它放在手上，可能手真的会被烧掉一层皮。

究竟怎样可以实现将火焰放置在手上，还能够保证手掌安然无恙呢？

操作步骤为：将水和洗洁精按照一定比例混合并进行充分的搅拌，这一步需要尽可能地搅拌出多的泡沫，然后将装有丁烷气体的试剂瓶打开，迅速倒置在脸盆当中，直至产生大量泡沫。将手完全浸没在液体中，并托起可以覆盖手掌的泡沫。将手臂伸展开，使用点火枪或者打火机点燃泡沫，你将会看到盛满泡泡的手掌上蹿出半米高的火焰（图3-4）。

图3-4 ▲ "火云掌"实验现场

这个"火云掌"究竟是如何练就的呢？难道真的不怕将手烧坏吗？

火云掌的关键与手上捧着的泡沫有关。将丁烷注入洗洁精和水的混合液体中后，水面上的气泡中就会充满丁烷气体。丁烷易燃，在燃烧时会放热。将完全浸湿的手和一堆充满丁烷气体的气泡点燃，气泡在点燃后会破裂，该过程会吸收大量热量，由于手被水层保护着，气泡中储存的少量丁烷气体燃烧完毕之后，火焰也就立马消失了，整个过程会感觉到一定的热，但不至于将手掌烫伤。可见这种"绝世武功"在学好化学知识后也可以轻松习得。

4 生活中为了防止火灾事故的发生，人们往往会备好灭火器。有一种灭火器使用过程中也会产生很多泡沫，其生成泡沫的原理是什么呢？

在初中化学的课本中有关燃烧条件的介绍，需要物质具有可燃性、与氧气充分接触以及温度达到着火点，燃烧时这三个条件必须全部满足。灭火的条件则是隔离可燃物、隔绝氧气、降温到该物质的着火点以下，满足一个条件就可以实现灭火。

灭火器的种类有很多，泡沫灭火器是生活中最常见的一种，学校、商场、公共汽车等生活场所均能够看到，其灭火的原理是喷出大量泡沫，黏附在可燃物上，使得可燃物与空气中的助燃剂——氧气隔绝，从而达到灭火的目的。

泡沫灭火器中的泡沫究竟是什么成分呢？

泡沫灭火器喷出的泡沫来源于一种化学反应。红色的罐体内部其实是有两个容器，分别装有酸性溶液和碱性溶液。在储存时是直立放置的，这时这两种溶液互不接触，也不会发生任何化学反应。当需要使用泡沫灭火去进行灭火时，将泡沫灭火器倒转晃动几下，使两种溶液混合在一起。两种饱和溶液一发生接触，立即发生水解反应，产生大量的二氧化碳气体和氢氧化铝的沉淀。除了以上两种反应物外，灭火器中还加入了一些发泡剂，当使用灭火器时，内部发生了快速反应，产生了大量的二氧化碳气体从而使得瓶内的压力要远远高于外界压力，所以将灭火器的喷头开关打开时，生成的二氧化碳就会伴随着发泡剂产生的大量泡沫一起喷出，就形成了我们看到的泡沫。

泡沫灭火器在使用过程中产生的泡沫的主要成分是二氧化碳与发泡剂，二氧化碳是一种密度大于空气的不可燃烧的气体，泡沫里的一个个泡泡能够帮助二氧化碳气体更好地黏附在燃烧物表面，隔绝空气中的氧气，从而使燃烧物因为缺氧最终停止燃烧。并且其中产生的部分氢氧化铝沉淀还会附着在燃烧物质的表面，也能够起到灭火的作用。一定要注意水解反应一旦发生，需要将反应物全部耗尽反应才会彻底停下来，所以平时要注意不要碰倒泡沫灭火器，以防发生安全事故。

不过泡沫灭火器并不适用于全部种类的火灾，根据国家标准《火灾分类》（GB/T 4968—2008）规定，泡沫灭火器主要应用于B类火灾场所。B类火灾场指液体或可熔化的固体物质火灾场所，燃烧物主要有煤油、柴油、原油、甲醇、乙醇、沥青、石蜡、塑料等。泡沫中含有一定的水分，所以如果遇上电器短路而引起的火灾，是需要在切断电源的情况下才能够使用的。如果遇上一些遇水会燃烧或者爆炸的物质，例如金属钠、钾、电石等物质，使用这种灭火器，反而会产生更加危险的效果。所以遇到火灾需要进行灭火时，一定要注意根据实际情况选择合适的灭火器进行灭火。

趣实验

化学界竟然出现了"吃泡沫"的"怪物"，不过由于中华文化博大精深，为了不产生歧义，此处提到的"泡沫"并非由于表面活性剂而产生的，而是一种有机合成材料。

此处用到的试剂名为乙酸乙酯，这是一种有机溶剂，被广泛应用于药物、染料、香料等工业。泡沫的主要成分是聚苯乙烯，根据相似相溶原理，两者在结构上相似，因而泡沫就被这种有机溶剂溶解了。

吃泡沫的怪物

做总结

《泡沫》这首歌能在沉稳低吟中道出爱与承诺的脆弱，同时也能爆发出巨大的能量。通过无尽地呐喊，《泡沫》向人们揭示了这样一个道理：爱情如泡沫般唯美动人，但是用手轻轻一碰就破了，所以我们一定要珍惜爱情中的彼此，守护爱情的美好。同样，磨难和困境在人生的旅途中在所难免，唯有更加珍惜，懂得相互包容，才能更长久、更稳定地走下去。

04 是肥皂而不是"瘦"皂

《好想好想你》

《好想好想你》（节选）

……
日夜都穿着你的外套
肥皂买你喜欢的味道
营造远距离的拥抱
多少个聊不完的通宵
吃着故意放慢的夜宵
不舍有你的每一秒
……

作词：邓紫棋

🎵 歌曲简介

《好想好想你》是邓紫棋演唱的歌曲，由邓紫棋创作词曲，收录于邓紫棋 2019 年发行的音乐专辑《摩天动物园》。此歌曲是邓紫棋创作的一首温暖面向的情歌，描写的是小鹿乱撞的心动和思念。

二、析歌词

《好想好想你》营造出满溢思念、眷恋与期待重逢的意境。开篇对对方生活琐碎细节的关怀问询，尽显牵挂，醒来睁眼后的无限思念更是直击内心。回忆中的项链、照片化作思念寄托，珍视之意尽显。而肥皂这一元素极具情感意义，它作为情感连接的特殊媒介，那熟悉的味道承载着对方喜好，同时也是记忆载体，每次嗅闻都能唤起过往点滴，让眷恋在思念中愈发深沉。这种温暖又略显忧伤的表达方式唤起了人们内心的共鸣，让人不由自主地想起那些曾经相伴的人。

学知识

1 肥皂为什么能够用于清除污渍呢？其中包含什么样的原理呢？

肥皂是一种传统洗涤用品，一般用于清洗人体的皮肤，比如洗手、洗脸和洗澡等。肥皂多为固体块状产品，也有膏状和液体产品，具有洁肤、护肤、美容、杀菌、祛臭等功能。

揭晓肥皂的真面目

从化学的角度看，肥皂是高级脂肪酸盐的总称，其组成通式为RCOOM；式中，RCOO⁻为高级脂肪酸根离子，M⁺为金属离子等。

日用肥皂中的高级脂肪酸根离子中碳原子的个数一般为10~18（如饱和高级脂肪酸根离子：$C_{17}H_{35}COO^-$ 硬脂酸根离子、$C_{15}H_{31}COO^-$ 软脂酸根离子等；不饱和高级脂肪酸根离子：$C_{17}H_{33}COO^-$ 油酸根离子等），金属离子主要是钠离子、钾离子等，也有用氨及某些有机碱如乙醇胺、三乙醇胺等制成的具有特殊用途的肥皂。其中，以高级脂肪酸钠盐制得的肥皂叫作硬肥皂，人们通常使用的主要是这种肥皂；以高级脂肪酸钾盐制得的肥皂叫作软肥皂，多用于洗发刮脸等；高级脂肪酸铵盐则常用来制作雪花膏。从高级脂肪酸部分来看，饱和度较大的高级脂肪酸所制得的肥皂比较硬；反之，饱和度较小的高级脂肪酸所制得的肥皂比较软。从化学视角，肥皂的主要化学成分是硬脂酸钠，分子式：$C_{17}H_{35}COONa$，结构示意图如图4-1所示。

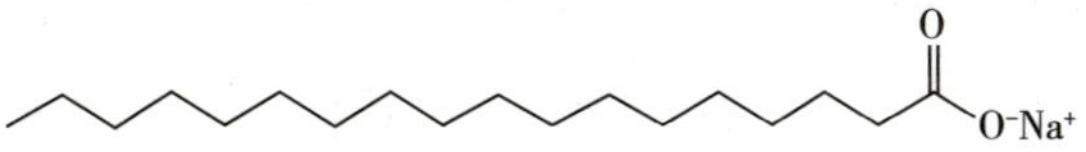

图4-1 ▲ 硬脂酸钠分子

现在人们还常用肥皂去污，肥皂去污的原理是什么？

在日常生活中，大家经常会用肥皂来清洁身体与衣服。比如在吃完油腻的东西后，满手油腻腻的，如果只用水冲洗的话，手上还是会有一层油脂，无法完全去除。但是如果在沾湿双手后，再涂抹一点肥皂,然后双手反复揉搓一会儿,手掌表面会出现乳状液体,再用清水冲洗一下,我们的双手就再次变得很干净了。那么为什么肥皂可以去除油污呢?这其实得益于肥皂独特的结构。

上文中曾提到,肥皂的主要化学成分是硬脂酸钠,化学式为 $C_{17}H_{35}COONa$,其结构如图 4-2 所示。可以看到硬脂酸钠分子由两部分组成,即亲水基和疏水基。由于一部分含有羧基,有较强的极性,是一种极溶于水但疏油的基团,又叫亲水基;另一部分是长"尾"的非极性的烃基,它的结构为长条碳链,不溶于水但溶于油,又叫疏水基。

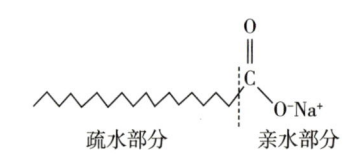

图 4-2 ▲ 肥皂分子结构示意图

当肥皂溶于水后,硬脂酸钠遇到油性的污渍,其中含有疏水基的一段将会溶于油污,将污渍包裹形成无数个"微胞"粒子;亲水的羧基部分会受到水分子吸引作用而进入水分子中。在清洗过程中,肥皂浓度增大,水的表面将会被肥皂分子覆盖,疏水的烃基开始受到范德华力的作用而相互聚集在一起;而亲水的羧基则包裹在烃基团的外面,形成胶体大小的聚集粒子,称为胶束。由于胶束外面带有相同的电荷所以彼此之间相互排斥,这种排斥作用使得胶束保持一个较为稳定的分散状态。

洗涤带有油污的衣物时,胶束中疏水的烃基部分溶解进入油污内，而亲水的羧基部分则伸展在油污外面的水中，这样便很容易将油污包围起来，同时还降低了水的表面张力，能够形成稳定的乳浊液。最后借助外力进行洗刷，油污等污物就很容易脱离衣物表面，分散成更小的乳浊液进入水中，随水漂洗而离去，用肥皂洗涤油污更容易洗净其原理就是这样，清洗过程如图4-3所示。

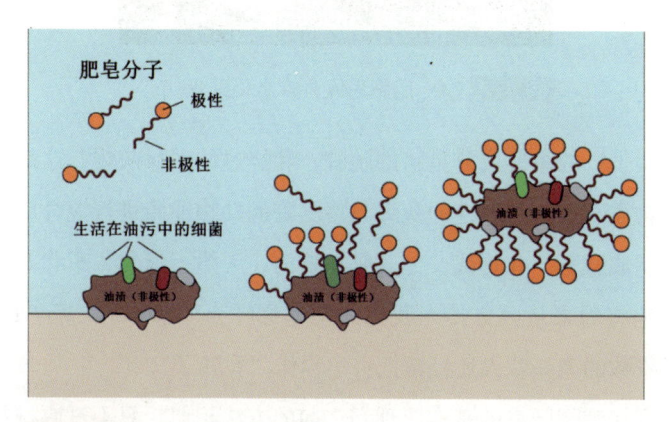

图4-3 ▲ 肥皂去污过程

肥皂虽然具有优良的洗涤作用，但也有一些缺点，比如肥皂不宜在酸性或硬水中使用。因为在酸性水中能形成难溶于水的脂肪酸，而在硬水中能生成不溶于水的脂肪酸钙盐和镁盐，这样不仅浪费肥皂，而且去污能力也大大降低。生活中也常用肥皂区分软水和硬水，如图4-4所示。

2 肥皂具有去污的作用，市场上对于肥皂的需求也很大，那么肥皂究竟是如何制作的呢？

在我国古代，常用于清除油污的肥皂被叫作"胰子"，不过这

图 4-4 ▲ 用肥皂区分软水和硬水

种"胰子"的主要成分是猪的胰脏，和烧过的木材灰烬，这是一种碱性物质，用这种碱性的灰烬与猪胰脏的动物油脂进行混合后，再加工制成肥皂。在近代，尤其是在陕西、天津、河北、东北等地仍习惯地将后来从西方传入我国的肥皂称呼为"胰子"。就连如今，上了岁数的老一辈人还经常把香皂称作"香胰子"。

现在制作肥皂的基本原理和之前的方法相似，只不过原材料有所不同，其基本原理是：油脂和碱相互作用生成高级脂肪酸钠和甘油。

具体步骤是：往蒸发皿中 1∶1 比例倒入植物油和无水乙醇，再加入适量的氢氧化钠溶液；将蒸发皿加热并搅拌，直至混合物变稠；取样检查皂化反应是否完全；反应完全后，停止加热，加入适量蒸馏水和饱和食盐水；用纱布滤出固体物质挤干，冷却干燥。

这其中涉及一个重要的反应，即皂化反应。皂化反应顾名思义是与肥皂制作过程有关，指的其实就是油脂与氢氧化钠混合，得到高级脂肪酸的钠盐和甘油的反应，是制作肥皂的一个步骤，皂化反应的化学反应方程式如图 4-5 所示。

$$R_1COOCH_2 \atop R_2COOCH \atop R_2COOCH_2 + 3NaOH \longrightarrow R_1COONa + R_2COONa + R_3COONa + {CH_2OH \atop CHOH \atop CH_2OH}$$

图 4-5 ▲ 皂化反应的化学反应方程式

走四方

1 除了肥皂外,在我国对洗涤用品的开发应用也有着悠久的历史,难道我国古代也有肥皂吗?

我国宋代时就出现了一种用皂荚(图 4-6)制造的洗涤剂,皂荚又名皂角、悬刀、肥皂荚,通称皂角。将皂荚捣碎研细,加上香料等物,制成橘子大小的球状,专供洗面浴身之用,俗称"肥皂团"。

宋人周密的《武林旧事》卷六《小经纪》记载了南宋临安已经有了专门经营"肥皂团"的生意人。明人李时珍的《本草纲目》中记录了"肥皂团"的制造方法:"肥皂荚生高山中,树高大,叶如檀及皂荚叶,五六月开

图 4-6 ▲ 天然皂荚

花,结荚三四寸,肥厚多肉,内有黑子数颗,大如指头,不正圆,中有白仁,可食。十月采荚,煮熟捣烂,和白面及诸香作丸,澡身面,去垢而腻润,胜于皂荚也。"

古人不仅使用天然皂荚做肥皂用于日常清洗,民间还曾流行过使用无患子等类的植物洗涤,经过我国古代劳动人民的尝试可知,它们都是一些很好的洗涤剂。

《台湾府志》中有这样的记载:"黄目树,即无患树。高二三丈,实如枇杷,色黄,皮绉,用以澣衣,浆若肥皂。"黄目树的果皮用水搓揉后会产生泡沫,台湾人用它来洗衣服至少已有数百年的历史。不过,由于黄目树的果皮含有黄色素,衣服洗久了会被染黄。但是,用黄目树的果皮搓洗头发,可使头发保持乌黑亮丽,因为黄目树的果皮兼具清洁与润发的功效。

除了做清洗用,肥皂水还有其他妙用。夏季常伴随着蚊虫增多,不小心被蚊虫叮咬后,会感到奇痒难忍,这时如果往瘙痒处涂抹适量肥皂水,瘙痒感就会缓和不少。为什么看上去平平无奇的肥皂水还有这样的妙用呢?

原来这小小的操作背后还蕴含着化学原理呢!

被蚊虫叮咬后,人们之所以会觉得奇痒难耐,是因为蚊虫在叮咬人类的时候,不仅仅是在吸食人类的血液,它们在吸血的同时,还会将一些"毒汁"——蚁酸,注入人的肌肉中,这是一种能够使得人们的皮肤和肌肉局部发炎,让人感觉痒的化学物质。这时,如果在叮咬处涂点浓肥皂水或氨水(浓度为1%),肥皂和氨水都是具有碱性的液体,涂抹在伤口处能够使得这些碱性物质与蚁酸打一场"化学战",变成既不是酸也不是碱的盐和水。蚁酸变成了盐类物质后，引起痒感和红疙瘩的"酸性"也就减弱或消除了，人体的痒感便得到缓解。

这种酸和碱之间发生反应最终形成盐和水的反应，在化学上被叫作中和反应。正是因为中和反应，小小肥皂水便起到被蚊虫叮咬后止痒消肿的作用。

趣实验

根据前文所提及的基本原理，我们也可以自己动手制作一块肥皂！

具体步骤为：先正确使用量筒量取 13 毫升蒸馏水，用烧杯称取 7 克氢氧化钾药品，并将量取好的蒸馏水加入装有氢氧化钾的烧杯中使得药品得到充分溶解。在另一个大烧杯中加入一定量的食用油，在其中放置一个搅拌子方便后续操作，再将其放置在磁力搅拌器上加热搅拌，同时加入上一步配置好的氢氧化钾溶液，搅拌数小时之后会发现液体变得十分浓稠，如图 4-7 所示，这时肥皂母液就已基本制作完毕。随后可以在其中添加少量色素倒入模板中静置，等待其凝固就好了，放置冰箱则可以加速其凝固。

图 4-7 ▲ 浓稠的肥皂母液

自制手工肥皂

做总结

　　《好想好想你》这首歌表达了一种深深的思念之情。邓紫棋用她极具感染力的歌声唱出对好友热烈的想念。这种想念如同丝线一般缠绕心头，是那种抑制不住的情感，也许是对爱人、亲人或者挚友的思念，让听众能够感受到她在思念时的那种眷恋、渴望相见的情绪。

05 伟大的蒸馏工艺

《热爱105℃的你》

《热爱105℃的你》(节选)

Super Idol 的笑容

都没你的甜

八月正午的阳光

都没你耀眼

热爱105℃的你

滴滴清纯的蒸馏水

……

作词：阿肆

🎵 歌曲简介

《热爱 105℃的你》是由阿肆作词、作曲并演唱的歌曲,在 2019 年 7 月 4 日以单曲的形式发布。

2021 年 12 月 21 日,该曲获得快手音乐 2021 年度"特别的爱"歌曲的奖项;入选了《人民日报》2021 年度 BGM。

2021 年 12 月 27 日,电影《超能一家人》发布了由腾格尔、艾伦、沈腾演唱的推广曲《热爱 105℃的你》MV。

2021 年,《热爱 105℃的你》被作为偶像剪辑背景音乐而被人发现,并衍生出了二创浪潮和热度。

B 站"'热爱 105℃的你'二创大赛"标签下播放量最高的视频达到了 1100 万次;在抖音,"#热爱 105℃的你"话题下的视频播放量更是超过了 30 亿次;在快手,经过制作方百纳娱乐发行营销,该曲使用量接近 1000 万人;阿肆本人发布的"原味吉他弹唱"点击量约为 600 万。

🧪 析歌词

《热爱 105℃的你》是歌手阿肆为屈臣氏蒸馏水定制的一首广告歌,也是屈臣氏和阿肆致敬热爱精神的作品。创作的初衷是用来致敬热爱,鼓励心怀满腔热爱的人创造不可能。

学知识

1 蒸馏水即经过蒸馏工艺后的水,蒸馏工艺是什么呢?

蒸馏是一种热力学的分离工艺,它通过加热升温的方式,使液体混合物中的某些组分先蒸发,再冷凝,实现分离各组分的一种传质分离操作,包含了蒸发、冷凝两种单元操作,蒸馏装置如图 5-1 所示。

图 5-1 ▲ 蒸馏装置

蒸馏的原理是:利用液体混合体系中各组分挥发性(沸点)的差别,使液体混合体系中挥发性大(沸点低)的组分先汽化,再经过冷凝管冷凝,从而实现各组分的分离。蒸馏操作广泛应用于炼油、化工、轻工等领域,比如石油的分馏。

分馏顾名思义就是分多次进行蒸馏,利用分馏柱将多次汽化、冷凝过程在一次操作中完成。它更适用于分离提纯沸点相差不大的液体有机混合物。

蒸馏水是指经过蒸馏、冷凝操作的水；蒸二次的叫重蒸水；蒸三次的叫三蒸水。

在蒸馏水的制造过程中，通常只收集馏分的中间部分，约占60%。具体操作为：

排去初始馏分（约占原水的20%），

排去残留部分（约占原水的20%），

添加某些物质以利于蒸馏，如 $KMnO_4$；

由于经过了三次蒸馏工艺，最终得到的蒸馏水十分纯净，其各成分含量如下：

锰（Mn）含量（≤ 0.00001%），

铁（Fe）含量（≤ 0.0004%），

氯（Cl）含量（≤ 0.0005%），

透明度（mm）无色透明，

电阻率（25℃）（≥ 10×10^4 Ω·cm）等。

由于溶液的导电性与溶液中离子量呈正相关，而蒸馏水中几乎没有其他离子存在，所以蒸馏水的导电性极弱可忽略不计。

正是由于其十分纯净，几乎不含杂质，所以蒸馏水具有以下用途：

第一，蒸馏水具有低渗特性：在医疗上，用蒸馏水冲洗手术伤口，使创面可能残留的肿瘤细胞吸水膨胀，破裂，坏死，失去活性，避免肿瘤在创面残留生长。

第二，蒸馏水中无杂质离子特性：在实验室，用蒸馏水配制溶液，做溶剂等。

2 了解到蒸馏工艺是借助沸点的不同从而实现物质的分离，你是否真的理解沸点的意义呢？

沸点顾名思义就是溶液在沸腾时的温度，也就是说在一定温度下液体内部和表面同时发生剧烈汽化现象时所对应的温度。但是沸点的定义真就这么简单吗？显然每种物质的沸点除了和其自身的性质有关以外，还与外界的环境有着密切的联系。

准确来说，沸点应该是液体的饱和蒸气压与外界压强相等时所对应的温度。不同液体的沸点是不同的，同时借助这一定义我们也能够很快地发现，沸点会随外界压力变化而改变。在降低压力时，对应物质的沸点也会相应降低。

3 我们都知道在常温常压下，纯水的沸点是 100℃，为什么歌曲还要用 105℃呢？

这与蒸馏水的制作过程有关。

作为知名的饮水品牌，屈臣氏一直致力于为消费者提供纯净、健康的饮用水。屈臣氏饮用水采用的 105℃高温蒸馏制法，在原本的蒸馏工艺基础上进行了优化，进一步提高了水的纯净度。其蒸馏装置则相当于大号压力锅，在加压的作用下使得纯水的沸点升高，从而实现高温专业蒸馏，才能够得到 105℃的蒸馏水。

驻扎在青藏高原的战士们常要使用高压锅等装置才能将食物完全煮熟，这是为什么呢？

这一点与屈臣氏蒸馏水通过加压从而实现 105℃蒸馏水的工艺

相似。随着海拔不断上升,空气就越来越稀薄,空气的密度也就越来越小,所以在海拔上升的过程中,大气压强是不断减小的。根据上文的分析可以知道,正是由于大气压强的减小,水的沸点随之降低,于是在高原上的水小于100℃就煮沸了。虽然水煮沸了但其温度完全无法煮熟食物,这时高压锅就派上用场了。其原理就是增大压强,使得水的沸点提高,这样便能够实现在寒冷的高原上吃到美味的、热气腾腾的煮熟食物了。

走四方

1 我国除了将蒸馏工艺应用到蒸馏水上,还将其应用到酒的酿制上,实现了酒精度数的提高。

中国的白酒、法国的白兰地、俄罗斯的伏特加、英格兰的威士忌、起源于西印度地区的朗姆酒、荷兰的金酒并称为世界六大蒸馏酒。

我国蒸馏酒是在什么时候开始发展的?蒸馏后的酒有哪些变化?

诗仙李白曾有云:"会须一饮三百杯。"按照今天粮食酒的普遍度数,即使是夸张,这酒量也太吓人了,真的能够喝这么多吗?原来,在李白那个年代的粮食酒还没有用到蒸馏工艺,度数十分低,所以李白写出此等豪迈的诗句也没有太过离谱。

到了元朝时期,蒸馏技术开始逐渐应用于酒的酿造上。元朝人在当时也直接使用汉语名词来称呼蒸馏酒,其中有"酒露"的称呼,许有壬《咏酒露次解恕斋韵》序解释"酒露":"世以水火鼎炼酒取露,气烈而清。"使用"酒露"一词称呼蒸馏酒,是元人兴起的叫法,后代随之,故《本草纲目》描述蒸馏酒,仍有"酒露"之说。元朝人把蒸馏法用于各种酒的酿造,包括谷物酿酒、葡萄酿酒和其他各类酒。熊梦祥《析津志》(析津志辑佚)就说:"葡萄酒……复有取此酒烧作哈剌吉,尤毒人。""枣酒,京南真定为之,仍用少许曲蘖,烧作哈剌吉,微烟气,甚甘,能饱人。"元人无论酿造什么样的蒸馏酒,都会使用酒曲,这是中国酿酒的惯例。元人所说的烧酒"毒人""饱人",均指酒度高。

元朝酿制蒸馏酒的遗迹,已在江西南昌李渡烧酒作坊遗址中被发现。这处遗址为我国烧酒酿造始于元代的说法提供了实物证据。

元朝蒸馏酒的引入以及所产生的产业效果,大大提高了中国酿酒的能力,丰富了中国酒种,也改变了传统酿酒的单一发酵模式。尤其是中国人的饮酒风俗,随着高度酒的出现而焕然一新。

如今为什么没有实现蒸馏后达到 100% 的酒精呢?一般浓度达到 99.5% 便被命名为无水乙醇,这是为何呢?

在理论上,纯酒精应该是 100°,不过在现实生活中是不存在这种理想条件的,绝对纯净的物质是不存在的,只有相对的纯净,通常所说的纯净物只是含杂质较少。因此现实生活中,无水酒精最高只能达到 99.5% 的纯度,而工业乙醇的浓度为 95%。

为什么不能对该纯度的酒精进行进一步蒸馏从而获取更高纯度的无水乙醇呢?这就涉及真正操作过程中,出现了共沸物,水的恒沸混合物,其沸点为 78.15℃,所以用蒸馏的方法不能将乙醇中的水完全除去。若要得到纯度较高的乙醇，可以把工业酒精与生石灰在一起进行加热回流，使乙醇中的水分与氧化钙充分反应，生成不挥发性的氢氧化钙而除去。然后再采用蒸馏的方法把乙醇蒸出，这样得到的乙醇的纯度可达 99%。

2 听过"煮酒论英雄"的故事吗？这时还没出现蒸馏酒，古人煮酒的用意仅仅是用于驱寒取暖吗？

在酒精发酵的过程中，除了会生成乙醇这一香醇的物质以外，还有可能生成乙醛等物质，古人煮酒能蒸发掉甲醇、乙醛等有害杂质，增加酒的口感。

古人煮酒能使酒精随着温热蒸发，空气中弥漫着酒香味，让喝酒更有氛围。"煮酒"这一点中用到的原理跟蒸馏是一样的。由于水与乙醇（酒精）的沸点不同，水的沸点为 100℃，乙醇沸点为 78℃；因此在煮酒过程中，随着温度升高，沸点低的乙醇（或其他有机物）会率先蒸发，从而能够使得酒更加美味香醇。

趣实验

我们知道，油水不相溶，并且油与水密度不同，今天我们就借这两个因素来实现一个新的实验。

实验步骤：首先在锥形瓶中加入满满的清水，用纸片盖住锥形瓶口，将其倒置之后发现锥形瓶内的水并没有洒出来；随后再另一个锥形瓶中装一整瓶食用油，将盛满水的锥形瓶倒立放置在盛满食用油的锥形瓶上,并且抽开卡片,能发现处于底部的油珠竟然如同火山熔岩一般喷出,到了上面锥形瓶的上部。

油水喷泉

密度越大,物体受到的重力越大,所以密度大的液体下沉,密度小的液体上浮。水的密度＞食用油密度,并且油水不相溶会自发地分层,最后瓶子里的油会自发地向上浮,就如同喷泉一般。

做总结

《热爱105℃的你》歌曲是对那些热血沸腾、勇于追求梦想的人的致敬和鼓励。歌词直白而大胆,附加积极向上的信息和乐观的节奏感,让人们感到非常愉快,能够振奋人心。此外,这首歌也被解读为对屈臣氏品牌的赞美,暗示屈臣氏对产品的热爱和专注,以比100℃还多5℃的热情制作其产品,从而形成了独特的记忆点。这首歌曲不仅成为一首广告歌,也成为表达热爱和积极态度的象征。

06 从冰力十足到极度深寒

《一百万个可能》

《一百万个可能》（节选）

……
云空的泪
一如冰凌结晶了
成雪花垂
这一瞬间　有一百万个可能
窝进棉被　或面对寒冷
……

作词：克丽丝汀·韦尔奇（Christine Welch）

♪ 歌曲简介

《一百万个可能》是克丽丝汀·韦尔奇（Christine Welch）演唱的歌曲，由她亲自作词，陶山谱曲。该歌曲收录于克丽丝汀 2014 年 11 月 7 日发行的同名专辑《一百万个可能》中。这首歌曲在抖音上曾一度爆红，并且跻身 2022 最火歌曲前十，影响力巨大。

☰ 析歌词

该作品唤起了冬季里的意象，表达了生命的每一个瞬间所蕴含的无限可能。当歌词以清晰而沉稳的声音流露出来时，节奏加快，给这首取材于传统经典的歌曲带来了一种说唱现代感。

学知识

1 "云空的泪，一如冰凌结晶了，成雪花垂"中的雪花是如何形成的？为什么雪会呈现出白色？

雪是天空中的水汽经凝华而来的固态降水，结构随温度的变化而变化，多呈六角形，像花，因而得名为雪花（图 6-1）。

对于六角形片状冰晶来说，由于它面上、边上和角上的弯曲程度不同，因而相应地具有不同的饱和水汽压，其中角上的饱和水汽压最大，边上次之，平面上最小。在实有水汽压相同的情况下，由

图6-1 ▲ 雪花晶体

于冰晶的面、边、角上的饱和水汽压不同,其凝华增长的情况也不相同。如果云中水汽不太丰富,实有水汽压仅大于平面的饱和水汽压,那么水汽只在面上凝华,这时形成的是柱状雪花。如果水汽稍多,实有水汽压大于边上的饱和水汽压,水汽在边上和面上都会发生凝华。由于凝华的速度还与弯曲程度有关,弯曲程度大的地方凝华较快,所以在冰晶边上凝华比面上快,这时多形成片状雪花。如果云中水汽非常丰富,实有水汽压大于角上的饱和水汽压,这样在面上、边上、角上都有水汽凝华,但尖角处位置突出,水汽供应最充分,凝华增长得最快,所以多形成枝状或星状雪花。

在光学中有对白色的定义:如果物体表面能反射掉可见光中各种波长的光线,我们就把这种物体的颜色归为白色。一个晶体的表面因为反光弱而显得透明,多个晶体的反光会使雪花几乎变成"镜子"。雪花与雪花在空气中的相互作用,使其每一面都要反射一部分光线回来,这些凌乱的平面就反射了全部光线。所以我们看到的雪花也就变成了白色。

人踩在雪上为什么会发出吱吱的响声？

雪是由过冷却水滴和冰晶相碰撞时形成的。当雪花从天空中落下，碰到过冷却水滴时，会再次抱成团，变成硬硬的小雪球，也就是霰，经常出现在下雪前和下雪时，有的地方也叫霰为雪籽。霰被踩破了之后，雪就会发出咯吱的声音。关于这种响声的原理，可从物理学和材料学两个角度来解释。

物理学上认为雪的声音与温度、压强有关系。零下10℃以上，在被踩的巨大压强下，雪会变成一摊水，减少了雪与鞋的摩擦，就不会发出声响；低于零下10℃，就算踩着高跟鞋产生的压强也不能使雪融化，雪还是一粒一粒的冰晶。所以被踩了以后，固体状的冰就像沙粒一样会相互摩擦发声，或者和鞋子摩擦发声。

材料学上认为吱吱声就是雪片之间的键断裂的声音。当人踩在雪上，雪的化学键就会断裂，就和瓷器碎掉时发出的"哗啦"声是一回事，都是化学键断裂的声音。

2 雪花是六角形的片状晶体，为什么一定是六角形的呢？世界上没有两片完全相同的雪花，果真如此吗？

雪花是一种六角形片状的冰晶，这是水分子规整排列而产生的结果。一个水分子由一个氧原子和两个氢原子组成。三个原子不是一字排列的，而是呈弯曲状，有点像条腿。水逐渐结冰的过程就是水分子彼此结合在一起的过程，结合的方式是一个水分子的氧结合另一个水分子的氢，这样就连成了很多六边形。越来越多的水分子加入这个六边形，最后呈现出宏观的六边形结构。

世界上没有两片完全相同的雪花。一些科学家称，雪花上晶体的组合数量或多达宇宙中全部原子构成晶体组合数量的两倍。这些数字太过庞大，远远超出了我们的理解范围。同时，温度和湿度稍有波动，都会改变晶体的构造，尘埃等异物也可能改变晶体的形状。如果水分子在每个角落以相同的速度凝结，雪花应该是一个完美对称的六边形。但实际上，云中水分子的分布并不是完全平衡的。当冰晶在云中翻滚起落时，它的各个部分会经历不断变化的温度和湿度环境，尽管相对于雪花的尺寸来说这种变化非常细微，但依然会对雪花各部分的对称性造成影响，进而影响每一个"枝杈"的形成情况。这在更潮湿的环境下生长更快的雪花中尤为明显。由于运动过程中雪花不同部位与过冷水滴接触的概率不同，雪花的形状也会明显不对称。因此，世界上没有两片一模一样的雪花，也没有完全对称的雪花。

3 被皑皑白雪覆盖的世界，往往会显得比平常更加安静，这一现象如何解释呢？

由于雪花六角形晶体的结构，它落下来聚在一起的时候，中间会形成很大的空隙。当声音走进这种空隙的"死胡同"，就会发生连环反射，能量也会在这个过程被消耗，直到最后声音不能继续传播。并且，温度越低，雪中间的空隙也就越大，收音作用就会更强。另外，下雪天气冷，人们都不爱出门，在外面的活动少，自然而然声音就小了。

4　积雪融化时会比下雪时更冷,这是为什么?

下雪前或下雪时,一般冷空气带着湿气,当水汽凝结成雪花时也会释放出一定的热量,因而温度下降并不多,这就使得下雪前或下雪时并不是很冷。而化雪时往往是晴好天气,低空受冷气压控制,气温开始下降,即使阳光明媚,但气温仍然处于冰点。同时,积雪融化会吸收周围环境大量热量,空气湿度降低,环境温度下降,人自然就感觉更冷了。因此,积雪融化时比下雪时更冷。

为什么环卫工人在处理积雪时会选择撒盐?

从分子的角度来看,撒的盐由氯化钠为主组成,当它溶于水时,会变成游离的氯离子和钠离子,两者都会破坏水结冰时形成的网络,防止雪结冰。从凝固点的角度来看,水的凝固点是0℃,而形成盐水以后,盐水的凝固点会下降到0℃以下,降低了冰点温度,使雪在融化后也难以在低温下结冰(图6-2)。

图6-2 ▲　公路撒盐

5 滑雪场中使用人工造雪机实现"四季如冬"。它是如何将雪造出来的?与天然雪有什么区别?

北京冬奥会的举办,让越来越多的青少年爱上了冰雪运动,大量的冬季运动项目在中国蓬勃发展。而比赛所要用到的滑雪场,就是由人造雪压制而成。

造雪机(图6-3)主要由三部分构成:喷桶机头、空气压缩机、整体支架。喷桶机头是造雪机非常重要的一个地方,雪就是从这里产生的,在喷桶的一端分布着很多的喷嘴和核子器,而核子器里喷出的是冷气和部分温度很低的水分,这些水分子和冷气在空中相遇再形成雪花飘下来。风筒的另一端是风叶,可以让雪花喷射的距离

图6-3 ▲ 造雪机

更远，扩大造雪面积。造雪机的核心部件空气压缩机将空气压缩到很低的温度再通过核子器喷出去，造雪机造雪性能的好坏都由空气压缩机的好坏决定。最后就是造雪机的整体支架了，整体支架不仅可以稳定造雪机，还可以通过调整造雪机机头部分仰角的角度和旋转角度来控制造雪机的造雪面积。人工造雪技术原理和自然降雪基本相同，都是将水变成雪花的过程，只是产生的形式不太相同。自然降雪是湿度较大的水气在冷空气中慢慢结合形成六瓣型雪花，而人工造雪是雾化后的水分子和一起喷出的冷气在空中相遇直接将水分子变成雪的。

雪花"催生"的方式一般有两种：一种是借助高压水泵，将高压水泵中的加压水与空气压缩机中的高压空气，在双进口喷嘴处先混合再喷出，高压空气再将水分割成微小颗粒，这些颗粒在寒冷的空气中会凝固成冰晶，进一步与水汽接触，让晶体生长1到2毫米而形成形状各异的雪花。另一种方式是借助制冰机，通过压缩机降温把水冷冻成冰块，再通过高速旋转的钻头将冰块打成粉末，最后通过泵或者人工将粉末均匀地喷到滑雪场中。

人工造雪与天然雪的本质区别在于：人工造雪比天然雪存放周期长、密度更大，在高温下和光照下都不易融化分解。人工造雪含水量低，细腻、干爽、松软，触雪感觉很好，更适合滑雪场、戏雪乐园等场地。

6 化学实验室常用聚丙烯酸钠速成雪，为什么聚丙烯酸钠能被用来造雪？还有哪些方法能简易造雪？

聚丙烯酸钠是一种水溶性直链高分子聚合物，当水分子与聚合物接触时，它们从聚合物外部渗透至内部，导致聚合物膨胀。聚合物链具有弹性，但只能伸长到一定长度后就不能再伸长了。聚丙烯酸钠粉末为细小颗粒状，吸水后外观与雪没有区别，洁白晶莹，高温不化，摸上去凉凉的，有雪的感觉。

高吸水树脂也可用于简易造雪，这是一种新型功能高分子材料，具有亲水基团、能大量吸收水分而溶胀，又能保持住水分不外流的合成树脂。如淀粉接枝丙烯酸盐类、接枝丙烯酰胺、高取代度交联羧甲基纤维素、交联羧甲基纤维素接枝丙烯酰胺、交联型羟乙基纤维素接枝丙烯酰胺聚合物等。高吸水树脂可以吸收相当于树脂体积 100 倍以上的水分，最高的吸水率可达 1000 倍以上。它一般用来制作尿布、卫生巾等，工业上亦用作堵漏材料。

7 "瑞雪兆丰年"是我国广为流传的农谚，雪是如何给农作物生长带来好处的？降雪还给人类带来了什么？

我国自古以来是一个农业大国，雪能够起到保暖土壤，积水利田的效果。冬季天气冷，下的雪往往不易融化，盖在土壤上的雪比较松软，里面藏了许多不流动的空气。空气不传热，这样就相当于给庄稼盖了一条棉被，天气再冷，雪层下面的温度也不会降得很低。等到寒潮过去以后，天气渐渐回暖，雪慢慢融化，这样，庄稼不但不受冻害，而且雪融下去的水留在土壤里，给庄稼积蓄了很多水，对春耕播种以及庄稼的生长发育都很有利。除了能够给庄稼保温之外，雪中还含有天然肥料。据观测，如果 1 升雨水中能含 1.5 毫克的氮化物，那么 1 升雪中所含的氮化物能达 7.5 毫克。在融雪时，这些氮化物被融雪水带到土壤中，成为最好的肥料。

降雪还对缓解城市冬季水资源短缺起着极为重要的作用。此外，雨雪形成最基本的条件是大气中要有"凝结核"存在，而大气中的尘埃、煤粒、矿物质等固体杂质则是最理想的凝结核。如果空气中水汽、气温等气象要素达到一定条件时，水汽就会在这些凝结核周围凝结成雪花。所以，雪花能大量清洗空气中的污染物质。每当一次大雪过后，空气就显得格外清新，降雪对保护生态环境有着很大帮助。

走四方

1 "琼英与玉蕊，片片落前池。问着花来处，东君也不知。"（虞仲文《雪花》）雪花因其绝美的外观而为人称赞，实际上这看似简单的一片片雪花大有内涵。

人类对雪花的研究已经有上千年了，记录可追溯至西汉经学家韩婴。同时，雪花也是数学家感兴趣的课题。

出生于瑞典贵族家庭的科赫便给世人留下了最广为人知的科赫曲线。科赫曲线是一种像雪花的几何曲线，又称为雪花曲线。

如何作出雪花曲线？

从一个正三角形出发，把每条边三等分，然后以各边的中间部分 1/3 的长度为底边，分别向外作正三角形；再把底边线段抹掉，得到一个"六角星";把每条边三等分,以各中间部分的长度为底边,向外作正三角形后,抹掉底边线段;反复进行这一过程,就会得到一个类似于"雪花"的图形(图6-4)。

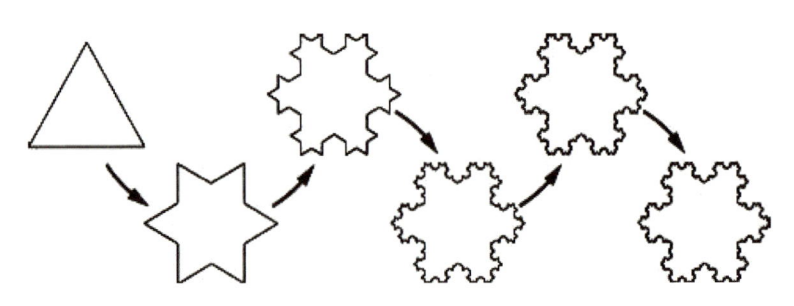

图6-4 ▲ 雪花曲线演变

2 除了雪之外,还有什么是固态降水?

在地球上,水是不断循环运动的,海洋和地面上的水受热蒸发到天空中,这些水汽又随着风运动到别的地方,当它们遇到冷空气,会形成降水重新回到地球表面。这种降水分为两种:一种是液态降水,如下雨;另一种是固态降水,如下雪、下冰雹和降霜等。

(1)冰雹:当地表的水被太阳曝晒汽化,然后上升到了空中,众多的水蒸气在一起,凝聚成云,此时相对湿度为100%。当遇到冷空气则液化,与空气中的尘埃为凝结,形成的雨滴或冰晶越来越大。当气温降到一定程度时,空气的水汽过饱和,就会形成降雨。要是遇到冷空气而没有凝结核,水蒸气就凝华成冰或雪,就是下雪了。如果温度急剧下降,就会结成较大的冰团,也就是冰雹。

（2）霜：霜不是从天上降下来，霜是地面的水气遇到寒冷天气凝结成的。霜冻在秋、冬、春三季都会出现。霜是接近地层空气中的水汽，直接在地面或近地面的物体上凝华而成的。温度越低，空气密度就越大，比重也越大。随着空气的流动，最冷、最重的空气就会往最低处流动，到达最低处停留后，逐渐积聚凝华成霜。通常洼地就比一般地方容易形成霜，洼地的植物也就特别容易"打霜"。

3 在家也能动手造雪！

学好化学知识，不用等到寒冬就可以看到雪花了，如何实现呢？

其主要步骤为：（1）用硬纸板剪出圣诞树的样子。

（2）打开神奇药水的包装袋，把药水慢慢浇在之前做好的纸树上。

（3）圣诞树上将渐渐长满雪花（图6-5）。

图6-5 ▲ "长雪花的圣诞树"

自己在家制作飘雪的圣诞树，这是如何实现的呢？所谓的神奇药水究竟是什么呢？

纸片圣诞树是利用了毛细现象和结晶现象的原理：神奇药水实际上是由磷酸二氢钾水溶液调制而成的。当纸树浸入水溶液后，水溶液因毛细现象在纸树中快速上升，直达全棵树。因树枝末端水溶液率先蒸发，溶解于水溶液中的晶体无法挥发，累积在末端的水溶液浓度越来越高，直到形成饱和溶液从而结晶"开花"。如果事先在纸上涂抹彩色的颜料，那么将会出现开满五颜六色"雪花"的圣诞树。

趣实验

雪花是液态水结冰形成的，水可以被用于灭火，但你知道吗？世界上竟然有可以燃烧的雪花！

实验步骤：将醋酸钙配置成溶液之后，再使用另外一个烧杯装一定量的无水乙醇，随后将醋酸钙溶液加入无水乙醇中，能够逐渐看到有"冰块"生成，取出其中的部分"冰块"放置在不锈钢盆中，用点火器点燃后，会发现生成的冰块可以燃烧！

这其中的原理为：醋酸钙，它易溶于水而难溶于酒精。但是醋酸钙中带有羧基，它能和乙醇中的乙基互相吸引，因此少量的醋酸钙能够均匀地分散在乙醇中，就像胶水一样。大量的醋酸钙和乙醇混合，就会形成胶冻状物质。

燃烧的雪花

做总结

　　《一百万个可能》通过歌词和旋律，传达了一种对爱情和生活的深刻感悟。歌词中的"在一瞬间　有一百万个可能"表达了人生的多样性和选择的多变性，反映了人们对未来充满期待但又充满不确定性的心理状态。歌曲通过这种表达，鼓励人们勇敢地面对选择，追求自己的梦想和幸福。此外，歌曲为在爱情中受伤的女生提供了心灵抚慰，让人们在面对生活的选择和爱情的波折时，能够找到一种情感的释放。

07 探索碳的永恒之谜

《兰亭序》

《兰亭序》（节选）

……
摹本易写　而墨香不退
与你同留余味
一行朱砂　到底圈了谁
无关风月　我题序等你回
悬笔一绝　那岸边浪千叠
情字何解　怎落笔都不对
而我独缺　你一生的了解
……

作词：方文山

歌曲简介

《兰亭序》是周杰伦演唱的歌曲,方文山填词,收录于 2008 年 10 月 15 日发行的专辑《魔杰座》中。在 2011 年 CCTV 春晚"我最喜爱的春节联欢晚会"评选中,该歌曲荣获歌舞类节目三等奖。

能够将"兰亭临帖,行书如行云流水"的摹本拓字典故,与"雨打蕉叶,又潇潇了几夜,我等春雷,来提醒你爱谁"之心事密缝加以结合,已然是词作者的一绝。而"无关风月,我题序等你回……情字何解?怎落笔都不对,而我独缺,你一生的了解"居然与"墨香不退与你同留余味"的意境相吻合,令人拍案叫绝。周杰伦以京剧小旦吊嗓子的方式重复唱一遍副歌,增添了《兰亭序》的古典美。周杰伦的独特之处在于追求中国风音乐的同时,也将文学美和意境美注入音乐当中,既具艺术风采,又不失文化品位。

析歌词

歌曲《兰亭序》的创作灵感来源于东晋书法家王羲之的书法作品《兰亭集序》。王羲之的《兰亭集序》全文 28 行、324 字,通篇飘逸遒劲,字字精妙,点画犹如舞蹈,有如神人相助而成,被历代书法界奉为极品。宋代书法大家米芾称其为"中国行书第一帖",赞叹于王羲之出神入化的书法技艺。古代的名人画作,流传至今,虽已过千百年,但仍旧保存完好,今世之人仍能欣赏古人的经典佳作,如周杰伦的《兰亭序》中所唱:"摹本易写,而墨香不退,与你同留余味。"难道真的墨香久留而不退?让我们跟着这篇文章,通过化学知识来揭秘古人巨作为何能流传至今而完好无损。

学知识

1 为什么墨能够保存这么久时间呢?

《兰亭集序》的摹本中,以唐朝四位书法家最为有名,"唐人四大摹本"从不同层面表现了"天下第一行书"的神韵,是后世兰亭书法两大体系的鼻祖,一是以虞本、褚本、冯本、黄绢本为宗的帖学体系;一是以定武本为宗的碑学体系。这两大体系并行于世,孕育了后世无数大家。虞本、褚本、冯本现藏于北京故宫博物院,黄绢本、定武本现藏台北故宫博物院。

为什么这些书画作品可以保存这么长的时间呢?

这些名人大家的书画作品能够流传千年,古籍中的文字至今阅读仍能保持字迹的完整性(图7-1),主要归功于墨汁的稳定性。由于墨的主要原料是碳,单质碳在常温下的化学性质不活泼,因此用墨书写的书画作品能够长久保存不变色。

为什么碳在常温下具有化学性质不活泼这一特点呢?

碳的化学符号为 C,在俄国著名化学家门捷列夫发明的元素周期表中,是第六个元素,位于第二周期ⅣA族。碳原子中有 6 个电子,在含有多个电子的原子里,由于电子的能量各不相同,因此,它们运动的区域也不同。通常能量最低的电子在离核最近的区域运动,而能量高的电子在离核较远的区域运动。根据多电子原子核外

图7-1 ▲ 古籍

电子的能量差异可将核外电子分成不同的能层（即电子层）。碳原子的原子结构为两个电子层，最外层电子数为4，这时碳原子既不容易得到电子，也不容易失去电子，在常温下其性质表现得非常稳定。

2 古代人用墨汁进行书画作品的创作，古代墨汁是如何制得的呢？

古代文人的书房中讲求文房四宝，即笔墨纸砚，其中墨的好坏严重影响一幅书画作品的质量，自古以来，墨一直被广大文人学士所珍视。墨作为中国传统文房用具之一，常被认为是写字画画的灵魂，并且墨块的制作工艺更是蕴含了深厚的文化内涵。我国考古学家发掘出来的公元前14世纪的骨器和石器上已有墨迹，从湖北云梦县发掘出来的战国时代的墨块，《庄子》中也有舐笔和墨的记载，这说明在春秋战国时代，就已经开始使用毛笔和墨水了。

古代使用的墨，往往是制作好墨块之后，在砚台上加水研磨便产生的用于毛笔书写的墨汁，在水中以胶体的形式存在。墨块的主要成分是煤烟或松烟，有的还添加了草木炭黑或铁锈等。制作墨块的过程大致上可以分为四个阶段：采烟、炼烟、和墨和制墨。制作好的墨块需要有耐心和技巧，其中除了蕴含了东方文化的精致和细腻外，还深藏着我国古人对于人生态度的追求。古代制作墨块时往往还会在其中添加各种药材，这样制出的墨在使用过程中形成浓厚的墨汁以利于书画作品的呈现，同时也能够产生一种淡淡的药香。许多匠人不仅借添加药材提升墨块的价值，还会借用云龙纹样、诗文对联等来丰富墨块的形象，以此来提升墨块的艺术气息和文化品位。

3 "而墨香不退，与你同留余味"，市面上常见的瓶装墨汁在使用时会发现有种臭味，但为什么还说"墨香"？是现在的墨汁与古代的有所不同吗？

墨，中国传统文房用具之一，是书写、绘画的黑色颜料。古代文人常说"满纸云烟翰墨香"。但是现在买回来的墨水，打开来往往能够闻到臭臭的味道，为什么与古人描述的完全不一样呢？

墨汁里的主要成分有三大类，即炭黑、胶、香料。炭黑是墨汁或墨块的主体。在墨汁中添加胶是为了能够增加墨汁的黏稠度，通常往里面添加的胶是骨胶、鱼胶等。香料，包括冰片、麝香、苯酚等，添加这些香料是为了能够在一定程度上增加墨的香气，其中添加的苯酚还有一定的防腐效果。由于其中添加了骨胶、鱼胶等这类物质，这种有机物在适宜的温度条件下会发酵产生臭味，所以添加香料的另一作用就是掩盖这种由于发酵产生的臭味。

部分墨汁中添加的香料相对较少，未能掩盖住发酵产生的臭味。而古代许多文人墨客用的好墨在制作过程中会加入麝香这类香料，使研磨出的墨汁自带香气。在这样的环境下读书写字，身上也会带有墨的香味，即常说的墨色生香。

4 有人说"钻石归根结底就是碳"，这是怎么回事呢？

在自然界有一种物质被称作是天然存在的最坚硬的物质，即金刚石。金刚石是在地球深部高压、高温条件下形成的一种由碳元素组成的单质晶体，因其特殊的性质，金刚石常用作工艺中的切割工具。除此之外，它还被视为一种极为贵重的宝石，永恒之爱的代表——钻石，就是由金刚石切割而成的。这一发现源自法国著名化学家拉瓦锡做的一项实验：烧一颗钻石，研究其产物。

拉瓦锡把钻石置于高温之中，发现钻石开始燃烧，将燃烧后得到的气体收集并通入澄清石灰水中发现澄清石灰水变浑浊，从而得出结论，钻石的成分可能有碳元素，这样就有足够的证据证明石墨与金刚石之间具有相关性。同时，这一项实验也使得碳元素在化学引起轰动。

后来的科学家深入研究后发现，在有机物中，碳原子的化合价为四价，原子之间却几乎可以无线连接，并且连接的形式各样，可以形成环状、笼状、树枝状等各种结构。这就极大地丰富了有机物的形式。还有许多有机物存在同分异构体，即化合物的分子式相同，但是具有不同的结构和性质，这种同分异构现象在有机化学中极为普遍。

德国化学家凯库勒在揭示碳原子的结合规律后，金刚石与石墨的关系也逐渐被科学家们厘清。在金刚石中，每一个碳原子都和另外四个碳原子相结合，它们形成了立体结构，所有的电子都参与形成了化学键，每个碳原子的位置都保持稳定，不会发生位移，所以金刚石的硬度非常大。而石墨中的每个碳原子与另外三个碳原子以平面的方式结合，四价的碳原子留出了一个自由的电子，石墨就可以靠着这些电子自由地传递电流，是较好的导体，不像金刚石那样是绝缘体。

由金刚石打磨而成的钻石与石墨均由碳元素组成，它们关系十分密切，自然界还有许多物质也由碳元素组成，可见决定性质最主要的因素是物质的结构，结构不同，性质也会天差地别。

自然界还有许多物质是由碳元素组成，这些物质之间有怎样的关系呢？

王羲之所作的《兰亭集序》书法作品是用墨汁实现的，其主要成分为炭黑，即碳单质。除了墨，碳元素还可以形成金刚石、石墨、C_{60}等物质，像这种由同样的单一化学元素组成，但是各自内部的原子排列方式不同，从而具有不同性质的单质，在化学学科上被称作同素异形体。

C_{60}其化学式为C_{60}，是一种非金属单质，之所以命名为C_{60}，是因为这是一种由60个碳原子构成的分子，这些碳原子以特定的方式结合成一个空心的球形结构。其结构形似传统足球（图7-2），故又名足球烯。

图 7-2 ▲　传统足球结构图

　　石墨与金刚石的原子排列方式不同。石墨原子间构成正六边形是平面结构，呈片状；金刚石原子间是立体的正四面体结构。二者具有不同的原子结构，物理性质大为不同。

走四方

1 化学中常将碳氢化合物定义为有机物，为什么有机物燃烧时会产生黑烟呢？

　　有机物在燃烧时，如果燃烧不充分，便容易生成黑烟，这实际上是由有机物在高温条件下不完全燃烧或者裂解时生产出的碳颗粒组成，此黑烟也被称为炭黑，其主要是碳元素。除了这一现象外，含碳量越高的有机物，在燃烧时会产生越多的黑烟。这是因为含碳量高的化合物燃烧的时候需要的氧气就多，但是空气中含有的氧气含量是一定的，在燃烧这类有机物的过程中没有办法立刻完全燃烧，有一部分在燃烧的过程中便成为炭黑。碳元素质量分数越高，在燃烧过程中便越容易出现不完全燃烧的现象，燃烧时产生黑烟的量自然就更多了。

例如：甲烷、乙烯、乙炔三种简单有机物的燃烧现象。

甲烷（CH_4）：含碳量75%，产生淡蓝色的火焰；

乙烯（C_2H_4）：含碳量86%，产生黄色的火焰，伴有黑烟；

乙炔（C_2H_2）：含碳量92%，火焰明亮，并伴有浓烈的黑烟。

2 《隋书》曾写道："书迹滥劣者，饮墨水一升"，现在人会用"喝的墨水多"来形容这个人的水平高，但是这一说法的意义在我国古代恰好相反。

在我国古代，有一种对于书生的处罚便是"喝墨水"，《隋书·礼仪志》中记载：北齐有规定，"书迹滥劣者，饮墨水一升""脱误、书滥、孟浪者，起立席后，饮墨水"。字迹潦草、用词孟浪的人要罚喝墨水，通常水平越低喝得越多。对于现代人来说，这一规定实属荒唐，不过在当时，这一做法的确在客观上唬住了很多考生，使得他们对待考试不敢怠慢。而后由于安全问题被废止，逐渐演变成现代人用于衡量文化高的标志。

3 现如今钢笔取代了毛笔成为人们高频使用的书写工具，不过在使用钢笔时需注意不同墨水不能混合使用，这与墨水作为胶体的性质有关。

上文曾提到，墨是以胶体的形式存在，胶体又被叫作胶体分散体，是一种较为均匀的混合物。分散质的一部分是由微小的粒子或液滴所组成，分散质粒子直径在1nm~100nm之间的分散系是胶体，该分散质粒子直径大小介于溶液与浊液之间。胶体本身是显电中性的，和所有的溶液一样，所以是不带电的。其中胶体粒子是指胶体吸附了分散系中的带电荷之后的粒子，由于胶粒具有较大表面积，吸附能力强，吸附离子和它紧密结合难以分离，因此胶体中带电荷的胶粒能稳定存在，所以胶体粒子带有电荷。由于胶体粒子带有电荷，如果混用墨水导致带有相反电荷的两种墨水混合在一起后，会由于静电吸引聚沉从而形成大颗粒，容易导致钢笔的出水口被堵住。

趣实验

碳在日常生活中常被用来作为一种燃料用于取暖，可是极具创造性的人类竟然将烘焙所得的面包也装扮成碳的样子用于恶搞。今天我将介绍一种如同炭黑一般的面包，只不过此"面包"非彼面包。

实验步骤：首先用量筒量取约 20 毫升的水，将水转移到盛有 100 克白糖的烧杯中，将烧杯放置在托盘天平上备用；随后用量筒量取约 50 毫升的浓硫酸，将浓硫酸缓慢地倒入烧杯中。很快便会发现，白糖竟然"长出了黑面包"。

产生这一现象是因为浓硫酸具有脱水性，能够从碳水化合物（糖）中将氢元素和氧元素以 2∶1 的比例脱出，使得白砂糖变成黑色的碳，反应过程中大量放热。

黑面包

做总结

  不管是在古代的书法作品中还是在现代的工业领域,都可以发现人类对碳应用的智慧。书法艺术的刚劲有力、时缓时急、抑扬顿挫、行云流水,让我们感受到其中的奥秘。

  《兰亭序》的创作灵感来源于东晋书法家王羲之的书法作品《兰亭集序》。歌词借鉴了《兰亭集序》的意境和情感,通过对临帖、田园生活等场景的描绘,表达了对人生的思考和对爱情的迷茫。整首歌曲具有古风的味道,我们能从中体会到中华文化的博大精深和源远流长。

08 矿物颜料中的中国传统文化之美

《水墨丹青》

《水墨丹青》（节选）

……
老先生讲墨分五色
不同色调不同的用法
还要配以上等丹青而作画
泉中水墨丹青
花瓣落地也有声
……

作词：高进

🎵 歌曲简介

《水墨丹青》是李玉刚演唱的歌曲，高进作词作曲，收录在 2010 年 12 月 28 日发行的专辑《新贵妃醉酒》中。《水墨丹青》几乎是李玉刚纯男声演绎的作品，延续了李玉刚一直奉行的中国风，更是融合了时下流行的 R&B。作为李玉刚的首次尝试，其轻快的曲风给人赏心悦目的感受。而歌曲中仅有的两句"李式"经典女声唱法，不仅是点睛之笔，更像是一枚雕刻在歌曲里的专属于李玉刚的印章，同时也向我们展示了李玉刚将时尚与传统巧妙结合的能力。

二、析歌词

《水墨丹青》是一首充满中国色彩和文化韵味的歌曲，通过李玉刚独特的"双声"唱法，不仅展示了中华文化的美丽和传统艺术的魅力，也让更多人通过这首歌曲了解和欣赏到中华文化的博大精深。

学知识

1 探寻"丹"与"青"的真面目

据古籍《汉书·司马相如传》记载："张揖曰：丹，丹沙也。青，青䨼也；丹沙，今之朱沙也。青䨼，今之空青也。"由此可知，丹指丹砂，青指青䨼（音"霍"），它们是古代常用的两种可作颜料的矿物。它们分别代表什么颜色？

丹，指丹砂，又名朱砂，它是一种深红色的矿物质，古人称之为辰砂。在我国古代，朱砂因其独特的颜色以及特性，被广泛应用于书画和印章领域，其化学成分为硫化汞，是一种低温热液硫化物矿物，化学式为 HgS，晶体属三方晶系。有关朱砂的形成，其实是一个复杂而漫长的地质过程。朱砂作为一种矿物，来源于地球的深处。地壳中存在着各种岩石和矿物，其中就有含汞的矿物质，在一定的温度和压力条件下，与含硫的物质发生反应产生硫化汞，即朱砂的主要成分。其具体形成过程为：天然硫化汞产于地壳岩层中，在地壳运动过程中，含汞量较高的底层环境发生断裂，上地幔岩浆沿裂隙向上涌动，当汞遇到温度极高的岩浆时，就气化为气态汞，沿裂隙向上填充，裂隙填满后停止运动，与地表层中的硫磺发生反应，最终形成了硫化汞矿床。硫化汞在岩层中形成，在岩层上方必须要有高黏土质作为一个盖层，就像我们蒸馒头需要一个盖儿，把气捂上，否则气跑了。相对稳定的大环境和相对封闭的接触面小环境为含矿流体汇聚、圈存封闭、长期驻留以致成岩成矿提供了条件。

青，则指的是青䨼，又称石青，是制作青蓝色系颜料的主要矿物，学名叫蓝铜矿，化学成分为 $Cu_3(CO_3)_2(OH)_2$，晶体属单斜晶系。颜色常呈深蓝色，条痕浅蓝色，玻璃光泽，透明至半透明。蓝铜矿的蓝色都是矿物本身之色，这种颜色是致色元素与矿物晶体构架对特定波长光线做出特定吸收与反射的结果。蓝铜矿常与孔雀石共生，从化学性质上看：蓝铜矿属于碳酸盐矿物，遇盐酸剧烈起泡，反应的化学方程式为 $Cu_3(CO_3)_2(OH)_2 + 6HCl = 3CuCl_2 +$

$4H_2O + 2CO_2\uparrow$。天然蓝铜矿产于铜矿场氧化带中,是岩石中含铜元素的水溶液和石灰岩相互作用,经过氧化、蚀变产生的一种富水碱式碳酸铜,因此,青䐉可作为寻找原生铜矿的标志。

这其中的"孔雀石"指的是什么呢?

孔雀石,又称绿铜矿,也是一种碱式碳酸铜盐,其化学式为$Cu_2(OH)_2CO_3$。石青(青䐉)和石绿(孔雀石)紧密共生,被人们称为赏石界的孪生姐妹。当温度增高时,蓝铜矿易转变成孔雀石。当季节干燥时,并在足够数量的条件下,石绿(孔雀石)可转变为石青(青䐉),因此蓝铜矿分布没有孔雀石广泛。

当铜矿氧化层处在地下封闭、干燥、二氧化碳丰足的生成环境时,孔雀石会转化为蓝铜矿;若生成环境不具备上述条件,蓝铜矿就会转变为孔雀石。这种可逆性互生关系,在自然界矿物群体中非常奇异、罕见。有时,在矿层岩石中,还会出现二者的单晶体共生在一起,造就出一半是蓝铜矿晶体,另一半是孔雀石晶体的精美晶簇。

2 古代朱砂除了用于书画外,还有许多人用此炼丹,这其中又蕴含着怎样的科学密码呢?

这其实是古代提炼水银的方法。古人在含有丹砂成分的矿石中提炼水银,在高温加热条件下,硫化汞受热分解:$HgS = Hg + S$,分解后产生的单质汞和单质硫未及时进行分离,冷却后,单质汞与单质硫相互接触发生化学反应,又转化成黑色的硫化汞,反应式为:$Hg + S \xlongequal{\triangle} HgS$,再在密闭容器中调节温度,便升华为赤红色的结晶硫化汞。采用硫化汞制水银,东晋炼丹家葛洪是最早详细记录这一反应的人。

朱砂在我国有着很深的文化底蕴，中华文化上下五千年，朱砂文化贯穿其中。最早用朱砂制作丹药的是秦始皇，为炼制成长生不老药。在如今的秦兵马俑仍可见其上有朱砂的红色色泽。东汉之后，炼丹术逐渐开始得到发展，到了晋朝时期，朱砂文化更是发展达到鼎盛，晋朝丹药盛行，很多文人墨客、达官贵人都以服丹药为荣，引以为豪。其中人们炼的丹药的主要成分就是"朱砂"，之前的炼丹师也被视为最早的化学家。

3 汞有毒，但常见于温度计中，如何避免打碎温度计后其中的汞对人体的危害呢？

汞也叫作水银，在常温常压下，是一种液态金属单质，具有极强的毒性，在我们生活中也常见于体温计中。若不小心打破了体温计，汞洒落在地上，正确的清理方法便是洒一些硫磺与汞反应，形成难挥发的硫化汞，目的是防止汞挥发至空气中，被人吸入体内而导致中毒。

走四方

1 古代作画并不是单一的黑色，也有许多彩色的颜料，这些颜料都是由什么做成的呢？

除了文中写到的"丹""青"两种矿物质作为古代人用于创作书画的颜料外，还有许多其他矿石颜料。

如"雌黄",参观博物馆会发现,在我国古代绘画作品中,黄色是常用的一种颜色,这一色彩多由雌黄实现。雌黄是一种深橙黄色硫化砷矿物,其分子式为 As_2S_3,多存在于火山喷气孔、低温热液脉和温泉中。雌黄还被用作古人的"修正液",沈括曾在《梦溪笔谈》中比较四种抹改错字的方法:刮洗错字,但此举会令纸张受损;贴纸条遮蔽,则容易脱落;用粉涂抹,遮瑕效果不佳;唯独雌黄最有效,一涂就把错字遮去,更不易剥落。后逐渐衍生为现如今的"信口雌黄"来形容那些不顾事实的言论。

2 许多书画作品历经千年,仍能看到作品上鲜艳的红章,这是由于什么所致呢?

这一点曾引起了考古学家的关注,在研究和测定之后,考古学家发现在古代颜料中大多加有铅白,铅白的化学成分为 $2PbCO_3·Pb(OH)_2$,长期暴露在空气中容易与空气中少量的 H_2S 生成 PbS,从而颜色逐渐变黑。但是古代的印泥中多是用朱砂和麻油搅拌而成,硫化汞(朱砂的主要成分)的化学性质非常稳定,即便在太阳下长期暴晒也不会变色,并且能够耐酸、耐碱,因此其不易在空气中发生化学反应,所以即使存放了上千年,也能够保持原本红润的朱红色(图8-1)。

图 8-1 ▲ 古代壁画

3 周杰伦的歌曲《青花瓷》有一句,"天青色等烟雨,而我在等你",这里的"青"与本首歌曲中的"青"是同样的颜料吗?

相传一日宋徽宗睡觉时,梦到了雨过天晴后的天空,醒来后念念不忘,便写下"雨过天青云破处,这般颜色做将来"。这便是"天青色"之说的由来。因此,"天青色"指雨过天晴后,天空自然显现的一种"天蓝色"。而古人没有比色卡,烧制陶瓷时就以天青色作为参照颜色。

青花瓷的"青"指蓝色,不是青膴,它是用含氧化钴的钴矿为原料,经高温还原焰一次烧成,钴料烧成后呈蓝色。当烧制温度在1050℃~1100℃时,釉料中的含铁矿物未能充分溶解于釉层的玻璃态物质中,而形成大量钙长石晶簇,釉色呈月白色。当烧成温度提升到1150℃~1200℃时,釉料进一步熔融,釉色就从月白色逐步变成淡粉青、粉青和卵青色。

另外,汝窑青花瓷的天青色的形成条件:除了使用氧化钴作原料外,还需要空气达到一定的湿度。古人无法控制湿度,想要较高的湿度,只能等空气湿度大的烟雨天时候出炉,釉色才会渐变成梦幻般的天青色。

在这样苛刻的条件下,才能烧制出上等的青花瓷。所以,雨过天青般的瓷器是非常稀少而昂贵的,都是要上贡的,放在如今,市场价不下百万。我们也能领会到歌词"天青色等烟雨"的意境,这并非仅仅是在等"烟雨",更是在等那千古珍品"青花瓷"。

趣实验

　　称取适量三氯化铁加入水中用玻璃棒进行搅拌充分溶解，紧接着用同样方法配置硫氰化钾溶液，先使用玻璃棒蘸取少量三氯化铁溶液并涂抹在手臂上，使用电吹风将手臂上的水渍吹干，随后使用铁钉蘸取硫氰化钾溶液，在刚刚的手臂上轻轻划几笔，会发现竟然产生了"血迹"！

　　这里用到了铁离子和硫氰酸根反应生成血红色络合物的原理。三价铁离子溶液在与硫氰酸根离子溶液接触时，会使得溶液变成血红色，化学中常用这个反应来检验铁离子的存在。不过实验展示方式不同，增添了一番趣味。

铁血丹心

做总结

　　《水墨丹青》是一首具有中国传统文化内涵的歌曲，它通过优美的歌词，以及古筝、琵琶等传统乐器演奏，展现了中国画的韵味和诗词的意境，传达出一种宁静、深远的美感，让人们仿佛置身于一幅幅水墨画中。

09 朱砂：是药物还是毒药？

《白月光与朱砂痣》

《白月光与朱砂痣》（节选）

……
白月光在照耀
你才想起她的好
朱砂痣久难消
你是否能知道
窗前的明月照
你独自一人远眺
白月光是年少
是她的笑
……

作词：黄千芊等

♪ 歌曲简介

《白月光与朱砂痣》是大籽演唱的歌曲，收录在 2021 年 1 月 1 日发行的同名专辑《白月光与朱砂痣》中。

二、析歌词

歌曲的歌词充满了对过去的回忆和情感的抒发，通过"白月光"和"朱砂痣"两个意象，"白月光"象征着纯洁、美好的回忆，而"朱砂痣"则代表着心中的痛和遗憾。这种表达方式让人感受到一种对过去的深深怀念和对未得到的事物的珍视，同时也是对未来美好期待的寄托，也反映出人们对情感复杂感受的深刻理解。

学知识

1 本首歌曲的创作灵感是什么？

歌曲中朱砂痣与白月光源自张爱玲创作的著名的中篇小说《红玫瑰与白玫瑰》，白月光象征的是如同月光一样纯白无瑕的爱情，而朱砂痣则代表如同朱砂痣一般让人永远铭记的爱情。张爱玲的中篇小说《红玫瑰与白玫瑰》的原文是：也许每一个男子全都有过这样的两个女人，至少两个。娶了红玫瑰，久而久之，红的变成了墙上的一抹蚊子血，白的还是床前明月光；娶了白玫瑰，白的便是衣服上沾的一粒饭粘子,红的却是心口上一颗朱砂痣。

白月光是他情窦初开时遇到的女孩,是他的初恋;朱砂痣是他看尽人世繁华后仍然发自内心想娶回家相伴一生的女孩。寄予希望却无法拥有的人叫白月光,拥有过却无法再拥抱的人叫朱砂痣。

2 朱砂痣是怎么形成的?

朱砂痣由于颜色与朱砂相似而得名,虽然其在文学上常具浪漫象征,但在医学上它其实是一种表皮、真皮内黑素细胞增多的皮肤表现,在医学上被称为痣细胞或黑素细胞痣。主要成因是由于皮肤化生、色素出现异常,从而引起的良性肿瘤。这种痣的形成与多种因素有关,可能是遗传基因所致,也有可能是后天因素如紫外线照射所致。皮肤受到了刺激,表皮细胞就会分泌出色素,最终色素堆积在皮肤的表面从而形成痣。除此之外,有的朱砂痣的形成实际上是毛细血管积聚形成的,不会遗传给后代,也不会对生活造成很大的影响。

3 浪漫的中国人将红色的痣命名为朱砂痣,那朱砂究竟是什么呢?在我国历史上有哪些用处呢?

朱砂,是一种颜色鲜红的重矿物,又被称作丹砂、辰砂,其主要的化学成分为硫化汞(HgS)。由于国人崇尚红色的民族传统,在我国古代,人们多用朱砂作为彩绘的颜料。春秋战国时期,古人还学会了用朱砂炼制水银,从而使用水银镀金的方法。据记录具体操作为:将金片加热至600℃后加入汞,金、汞比例为1:9,形成糊状金汞物——金汞齐,然后,涂在青铜或银器表面,加热至

400℃左右，汞蒸发掉，而金便镀在了器物表面。这一点在山西长治战国墓中出土的鎏金车马饰器上得到了验证，可见我国古代化学工艺水平之高。

4 除了在工艺品上用到朱砂，作为中医药的传统药材，朱砂还频繁出现在中药名单之中。

朱砂作为《神农本草经》上品第一味药物，可见其地位不凡，该物质入药可以益气明目，养精神，并且在安宫牛黄丸中就有朱砂的身影。据《神农本草经》记载："辰砂味甘、微寒。主身体五脏百病，养精神，安魂魄，益气，明目，杀精魅邪恶鬼。久服，通神明不老。能化为汞，生山谷。"孙思邈的《千金翼方》在前人基础上又拓展了它的功效，如止烦满消渴、益精神、悦泽人面、腹痛毒瓦斯、疥诸疮等。

随着科学研究的不断深入，《神农本草经》的描述中有一大谬误已被人们纠正，那就是朱砂其实是有毒的，不宜久服多服。现代药理研究认为，硫化汞的性质稳定，不溶于水和盐酸（胃酸的主要成分），因其低溶解度且不易被肠道吸收，毒性远小于其他形式的汞。不过往往硫化汞的纯度不够，事实上，硫化汞不管在开采还是炼制过程中，都会混合入微量其他形式的汞，同时朱砂还常夹杂雄黄、磷灰石、沥青质等杂质，其中含有的砷、铅、锑等元素都对人体有害。除此之外还有研究指出，朱砂在高温加热到一定程度后，会大量释放元素汞，这也是工业生产汞的方式。由于古代的工艺水平不足，在药物生产过程中，硫化汞会因为高温生成少量元素汞，如果质检把关不严，加上长期用药，就有可能发生汞中毒。

汞，也就是人们常说的水银，是一种较为常见的重金属。此处提及的重金属通常是指密度大于 4.5g/cm³ 的金属，包括金、银、铜、铁、汞、铅、镉等，重金属在人体中累积达到一定程度，会造成慢性中毒。当人体摄入了一定量的重金属后，重金属阳离子会与人体蛋白质中的游离羧基形成不溶性的盐，这个过程涉及化学键的断裂与生成，是一个化学变化，是一种不可逆的损伤。由于金属离子比氢离子更容易与巯基结合，如汞离子与蛋白质的巯基反应，生成不可逆的蛋白盐沉淀，此类重金属便使得蛋白质变性，人体内的蛋白质变性后，就失去了原有的可溶性，同时也失去了生理活性。同样，重金属还会使氨基酸变性，其原理与蛋白质变性类似，也是由于重金属离子与氨基酸中的某些基团（如羧基、巯基等）形成不溶性的络合物或盐，导致氨基酸的空间构象发生变化，从而影响其生物活性。长此以往，会对人类身体造成一定的损害，严重的甚至会诱发癌症，威胁人类的生命。

如今人们认识到了朱砂入药的负面性，所以现代人使用朱砂多入丸散，不入煎剂，且不管内服外用都应在医生的辩证指导下适量使用。

5 古代帝王为追求长生不老而炼制的丹药中必定含有朱砂成分，为什么炼丹离不开朱砂呢？

在我国古代，常有人追寻长生不老。然而，长生不老之术是不存在的、不现实的，最重要的原因就是这种理念违背了人类生存发展客观规律。最有名的当属我国古代历史上秦王朝的开创者——秦始皇,他建立了第一个大一统王朝,堪称千古一帝,但晚年秦始皇不仅大兴土木,耗费民力,还迷信长生不老之术,为了追求长生不老,派遣徐福和五百对童男童女前往海外求仙药,耗费万金。据《史记》记载,秦始皇陵墓中还有象征江海的水银池,秦始皇为了追求长生不老对丹砂开采及水银冶炼非常重视。

我国古代的炼丹师堪称最初的化学家,炼丹的重要材料之一便是丹砂,也就是本文重点强调的朱砂,为什么古代炼制长生不老丹药一定要用到丹砂呢?

晋代炼丹家葛洪曾在《抱朴子》中有提道:像草木之药"煮之则烂,埋之则腐",而"丹砂烧之成水银,积变又还成丹砂"。用中草药炼丹容易腐烂,而朱砂加热后可变成水银和硫,反过来水银和硫可合成朱砂。从这种相互转变的现象中,当时的人们就联想到如若人能够服用这种用朱砂炼制成的丹药,人的生命就像朱砂与水银能相互转变,可往返循环,生生不息,容颜永驻。

可见,早在千年前我国古代的炼丹师就已经发现了化学反应中的可逆反应。不过,由于丹药在高温炼制的过程中存在大量的重金属,最终的结果可想而知,不但不能达到帝王们想要达到的长生不老的效果,反而由于长时间大量服用这种有毒的药剂,最终生命受到威胁。据统计,中国历史上因服食丹药中毒死亡的皇帝就达十五六位。

走四方

1 在我国许多文物上都能看到那一抹朱红,为什么经过了几千年的时间,朱砂的红色还能保持得如此鲜艳呢?

红色一直被认为是中国的象征色,不仅是中国人最亲近的颜色,也是中国人的文化图腾和精神皈依,代表着喜庆、热闹与祥和。从迎风飘扬的国旗,再到逢年过节处处都是红彤彤的一片,红色俨然成为中国的代表色。

我国对于红色的喜爱,可以追溯到几千年前的河姆渡文化时期,那时,我们的先民已开始以朱砂矿物做血祭和红色颜料使用。"涂朱甲骨"是将朱砂磨成红色粉末,涂嵌在甲骨之上(图9-1)的刻痕中以示醒目。

后世的皇帝们沿用此法,用朱砂的红色粉末调成红墨水书写批文,即"朱批"。从故宫中也能够看出,千百年来,红色是多么尊贵的颜色,浩荡连绵的宫城,被一层又一层朱红色的宫墙所包围。除了表示尊贵和喜庆之意,我们还发现,我国的珍藏字画,它们中有许多尽管年代久远,纸张发黄变脆,

图 9-1 ▲ 博物馆中的甲骨文

可是留在字画上作者印鉴的那一抹红,却依旧鲜艳可辨。

为什么珍藏字画中其他的部分都因时间原因变得模糊,印鉴却

09 朱砂:是药物还是毒药? 《白月光与朱砂痣》

能一直保持鲜艳呢？这是因为古代字画上盖章用的是红印泥，是用朱砂加蓖麻油拌匀，再加上某些纤维性填料做成的。朱砂中主要成分——硫化汞，在前文中曾提到过，是一种性质极为稳定的物质，不容易和氧气发生反应，因此它始终能保持鲜艳红润的本来面目。然而一些年代久远字画上的颜色之所以褪色，是由于颜料与空气中的氧气发生氧化反应形成氧化物，对比之下，由朱砂制作的印泥留下的痕迹便十分鲜艳突出。

趣实验

上文中提到了汞能够使得人体内的蛋白质发生变性，其实还有其他物质也能够使得蛋白质发生变性，今天带来的实验会用到这种神奇的物质。

实验步骤：将打开的生鸡蛋放置托盘中，用量筒量取一定量的浓硫酸，将浓硫酸倒在鸡蛋上会发现，尽管不使用火，鸡蛋也被煎熟了。

这其中涉及的实验原理为：浓硫酸分子跟水分子强烈结合，生成一系列稳定的水合物，并放出大量的热，其反应的化学方程式为：$H_2SO_4 + nH_2O \rightleftharpoons H_2SO_4 \cdot nH_2O$（$n=2, 4, 6, \cdots$），在瓷盘中放入清水，再放上生鸡蛋，最后加入浓硫酸，浓硫酸溶于水大量放热，生鸡蛋受热自然就慢慢被煎熟了，整个过程实际上涉及蛋白质变性的过程。

瓷盘煎鸡蛋

做总结

　　歌曲《白月光与朱砂痣》主要围绕"爱而不得"的主题，通过双线并重的写作手法，表达了得不到的永远在骚动的情感。"白月光"象征着心中那个遥不可及的理想爱人，而"朱砂痣"则代表身边的实际伴侣。歌曲通过这样的象征手法，探讨了爱情、欲望和遗憾等主题，反映了人类对于完美与现实追求之间的矛盾，同时也提醒人们任何一段关系都需要保持一定的安全距离，既不过于亲近也不过于疏远。歌曲深刻探讨了人类对于爱情和关系的复杂情感，以及如何在现实生活中找到平衡和满足。

10 星空下的魔法师

《打上花火》

《打上花火》（节选）

パッと花火(はなび)が「パッと花火(はなび)が」
夜(よる)に咲(さ)いた「夜(よる)に咲(さ)いた」
夜(よる)に咲(さ)いて「夜(よる)に咲(さ)いて」
静(しず)かに消(き)えた「静(しず)かに消(き)えた」
离(はな)さないで「离(はな)れないで」
もう少(すこ)しだけ「もう少(すこ)しだけ」

もう少(すこ)しだけ
このままで
……
怦然绽放的烟花(怦然绽放的烟花)
在夜空中绽放(在夜空中绽放)
在夜空中绽放后(在夜空中绽放后)
又静静地消失（又静静地消失）
请不要离开（请不要离开）
再给一点点时间(再给一点点时间)
再给一点点时间
就一直这样
……

作词：米津玄师

♪ 歌曲简介

《打上花火》是Daoko、米津玄师共同演唱的歌曲，收录2017年8月16日发行的Daoko个人同名专辑《打上花火》中。是日本动画电影《升起的烟花，从下面看？还是从侧面看？》的主题曲。该歌曲获得第32届日本金唱片大奖年度DL单曲和Space Shower音乐奖年度歌曲。

二、析歌词

《打上花火》传达了深厚的友情和对爱情的深刻理解。如《打上花火》歌中所唱："パッと光（ひか）って咲（さ）いた，花火（はなび）を見（み）ていた。"光芒怦然绽放，烟花映入眼帘。绚烂的烟花犹如花朵一般在天空中绽放了，放眼望去，天空被烟花占据了，五彩缤纷的，像春天的花儿一样艳丽，像天边的彩霞那么耀眼，像高空的彩虹那么光彩夺目！烟花为何如此绚丽多彩？为何如此耀眼夺目？让我们跟随化学知识的脚步，探寻它的奥秘。

学知识

1 "打上花火"原本应该是"打ち上げ花火",对应中文"高空烟火",为什么烟火在高空中会"开花"?

烟花在我国古代文献中又称为"烟火""焰火""花火"等,与爆竹的关系密切,其主要成分均为黑火药,不过二者呈现出的效果却有所不同。烟花最主要的功效是给人视觉上的绝佳享受,爆竹则会带给人听觉上的冲击。《烟花爆竹标准-安全与质量》(GB 10631—2013)对烟花爆竹的定义为:以烟火药为主要原料制成,引燃后通过燃烧或爆炸,产生光、声、色、型、烟雾等效果,用于观赏,具有易燃易爆危险的物品。

烟花的组成包含了黑火药和药引。黑火药,是我国古代的四大发明之一,距今已有1000多年的历史,引燃黑火药后它能进行迅速而有规律地燃烧,生成大量高温燃气的物质。点燃烟花后,会冲向高空并且绽放出绚丽的带有光亮的"花朵"(图10-1),烟花能呈现如此美丽的场景,与其组成成分密切相关。

烟花的组成可分为三个部分:

第一部分是升空和爆破的火药,使得烟花像火箭升空并在空中绽开;第二部分着色剂,烟花能够产生不同的色彩就与着色剂密切相关;第三部分是各种黏合剂,能够将这些物质黏接起来放置在较小的空间里。

烟花能够冲向高空绽放,这与第一部分的成分相关,利用化学反应产生的气体压力推动烟花向上运动。由于烟花中的火药所包含

图 10-1 ▲　美丽的烟花

的成分有硫磺、木炭粉、硝酸钾，有的还含有氯酸钾，当火柴或点火器点燃烟花的引线时，引线燃烧的火焰会传递到烟花内部，点燃化学物质并引发化学反应，发生化学反应的方程式为：$2KNO_3 + S + 3C = K_2S + N_2\uparrow + 3CO_2\uparrow$。这一过程会产生大量的气体，硝酸钾分解放出的氧气，使木炭和硫磺剧烈燃烧，瞬间产生大量的热和氮气、二氧化碳等气体。由于体积急剧膨胀，压力猛烈增大，于是发生了爆炸，推动烟花向上运动。据测，大约每 4 克黑火药着火燃烧时，可以产生 280 升气体，体积可膨胀近万倍。在有限的空间里，气体受热迅速膨胀引起爆炸，最终使得烟花冲向高空并在高空绽放形成美丽的图案。

2 为什么烟花在高空绽放时会有剧烈的声响？为什么绽放的形状会是椭圆形？

当烟花点燃时，引线最先被点燃，内筒和发射筒之间的发射药剧烈燃烧，推动内筒从发射筒射出升空。在一定的高度下，由于内部引线点燃使内筒火药而爆炸，最后点燃填充的效果药，从而产生各种颜色的烟花。在这个过程中，快速产生大量气体产生的爆炸会发出剧烈的声响，也就是我们常听见的很沉闷的"tong"的一声和升空后剧烈的"bang"的一声，而烟花升空的"biu biu biu"的声音是如何产生的呢？

其实这种类似鸟叫的"biu biu biu"声响，属于烟花的声响效应。在烟花制作过程中，人们利用声响效应可制造和设计出许多种烟花零部件和成品。若将黑火药系列的药剂装在两头压上泥塞的纸筒中，在药剂上再插上一根引线，引燃后会产生悦耳的哨子声或笛子声；将高氯酸钾和铝粉等混合后装在纸筒中，并封闭严实或用几层纸条缠紧成包状，用导火索点燃会产生爆炸声。借助这一效应制作不同的小部件，再将不同的小部件搭配结合成许多大小烟花和空中礼花，便可得到"百鸟齐鸣""雷鸣花开"等绚丽的烟花盛宴。

除此之外，也有较多的烟花产品添加了响珠，指的是在烟花产品中将烟火药剂滚制成药珠，这种药珠在点燃后会产生像爆竹一样的噼啪爆炸声，并且发出耀眼的白色闪光烟火效果。响珠的主要成分基本上指的是红丹粉（Pb_3O_4）、氧化铜粉（CuO）、镁铝合金粉（Mg_4Al_3），再加上适量的黏合剂按照一定的比例均匀混合而成的一种颗粒状药粒。这几种药物混合后点燃会发生化学反应，即铝热式反应，将会放出大量热。红丹粉跟镁铝合金粉的反应过程可表述为：$Pb_3O_4 + Mg_4Al_3 \rightarrow Pb + MgO + Al_2O_3$。氧化铜粉跟镁铝合金粉的反应过程可表述为：$CuO + Mg_4Al_3 \rightarrow Cu + MgO + Al_2O_3$。这一过程中温度急剧上升，远远超过其内部各物质的沸点，导致内部许多物质汽化更容易发生爆炸，这也是烟花爆炸发出剧烈响声的一个原因。

烟花都是椭圆形的吗？烟花绽放时的形状是如何控制的呢？

空中烟花的形状，与烟火药载体的形状有关，还与其中所含烟火药剂的成分、剂量以及制作工艺有关。日常生活中看到的圆形或者椭圆形的烟花，实际上是个球形的。因此，这种烟花不论我们从那一个方向去观察，看到的画面几乎都一样。这是因为烟花在爆炸时，烟火药被分成许多个燃烧发光的烟花微粒，且受到爆炸产生的冲击力的推动，它们的运动轨迹应该是一条条直线，如流星雨般地向四面八方散射。这些物质朝各个方位散开的速度是相等的，所以会形成一个球状，我们在地面上看到的仿佛在一个平面上，所以只看到圆形的烟花。

还有些烟花不是简单的圆形，可能出现如圆柱、圆饼或者其他的形状。因为这种烟花内部所加入的发光、发烟、燃烧、花火等药剂在火药四周的分布不是成球对称的，烟火在空中爆发时产生的烟花就不可能是一个正的光球形状，很多烟花在高空中会呈现出诸如"杏花""牡丹"这种花形的美丽图案（图10-2）。正如南宋诗人詹无咎所作的《鹊桥仙·龟儿吐火》中所描述的"梨花数朵。杏花数朵。又开放、牡丹数朵。便当场好手路歧人，也须叫、点头咽唾"一般让人感到无比惊艳。

3 夜空中的烟花总是会放出耀眼的光芒，这是怎么实现的？烟花绽放时会呈现出缤纷的颜色，这又是因为什么呢？

前文中有写道，烟花被点燃之后，火药中的成分会发生剧烈反应，生成大量的气体。实际上这一过程中会释放出大量的能量，在天空中会释放出大量的光和热能，这是利用了烟花药品剂燃烧后产

图 10-2 ▲ 形状美丽的烟花

生的发光效应。在药剂中如增加金属粉（如铝粉、镁铝合金粉等），药剂燃烧时即可生成固体和液体生成物，释放大量的光能和热辐射，烟花利用发光效应从而起到照明作用。不过这种耀眼的光芒还与外界环境有着十分密切的联系，在晴朗的夜空，因为没有其他光源与之竞争，也没有雾气的遮挡，烟花的光芒更加明显。

烟花绽放时，往往还会有一亮一灭的视觉效果，这是为什么呢？

有的烟花在夜空中绽放时还会喷出许多金黄色、银色或是白色的亮星，这被称为"喷波现象"，也是利用了发光效应。由于将硬木炭粉或铝粉、铁粉加入药剂中，燃烧后有一些颗粒在光截体中没有完全燃尽被喷出，这些被喷出的颗粒再遇见空气中的氧，就会发生第二次燃烧反应，从而产生不同颜色和一定亮度。此外，由于有金属粉燃烧能产生较高的温度和较大的亮度，当固体和液体残渣覆盖下一层等待燃烧的药剂时，会出现低温辐射，给人一种将被熄灭的错觉。当下一层药剂被点燃后,又会产生高温和较大的亮度,这样也会使得烟花出现一亮一灭的视觉效果。

4 烟花除了有耀眼的光芒以及喷洒出的亮星外,还会有不同色彩的烟花,这些多彩的烟花是利用了什么原理制作的呢?

生活中常见的烟花大多绚丽多彩,能绽放出多种颜色不同的"花朵",这与烟花中添加的着色剂——各种金属成分发生的焰色反应有关。在燃烧时,不同金属元素会发出不同颜色的火焰,造就了烟花的五颜六色。

焰色现象最早由我国古代的炼丹师陶弘景发现。在古代,炼丹师如同化学家。陶弘景曾在他所著的《本草经集注》中记载道:"以火烧之,紫青烟冒起,云是真硝石也"。意为:用火烧它,有紫青火焰燃起,可以判断此物是真硝石,这里说的硝石指的是硝酸钾,由于其中包含金属元素钾元素,所以在燃烧时会呈现出紫色的火焰。

这些金属元素之所以能够在燃烧的情况下生成不同颜色的光,是因为将金属或其盐放置在火焰上灼烧时,金属原子受热后能量升高,电子从基态跃迁到激发态,当激发态的电子回到基态时,会以光的形式释放多余的能量。由于不同的金属元素具有不同的光谱特征,它们在燃烧时释放出的光波长也不同,从而呈现出不同的火焰颜色。虽然这一过程涉及燃烧,但焰色反应是一种物理变化,它并未生成新物质,只是物质原子内部电子能级的改变。也就是说,这一过程仅仅涉及原子中的电子能量的变化,不涉及物质结构和化学性质的改变。

在设计烟花时，工程师们常借助光谱分析，用于检验出 $SrCl_2$（红色光，620nm~720nm）、$BaCl_2$（绿色光，490nm~565nm）、$CuCl_2$（蓝色光，440nm~490nm）是否存在，以及光谱能量分布是否落在特定波段内，这样可以使所设计的红、绿、蓝火焰色彩更加鲜艳夺目。

5 除了有绚丽的光亮外，烟花燃放过后还会产生许多烟雾，这些烟雾主要是什么成分？

烟花在燃放后，天空中会弥漫白色烟雾，这是火药燃烧产生的白色气体与一些固体粉末。由于烟花主要成分黑火药中含有硫、木炭粉、硫磺粉、金属粉末等成分，在空气中燃烧会产生二氧化硫，以及一氧化氮、二氧化氮、五氧化二氮等氮氧化物，这些物质在不完全燃烧的条件下也会产生二氧化碳、一氧化氮和二氧化氮等污染性气体以及金属氧化物的粉末，均会对环境造成影响。几百年前，战争中使用的火药全是黑色火药，那时的战场往往弥漫着白烟。这些白烟也正是燃放完烟花之后，出现呛人刺激性味道的来源。

烟花爆竹燃烧时产生的大量污染物，会使环境中的PM2.5浓度大幅上升，严重污染大气环境。中国过年有燃放烟花爆竹的传统，在除夕、大年初一、元宵节期间，空气中的主要污染物的浓度会远远高于平时，而有害物质的浓度会远超过国家标准。对于人体而言，这些有害物质会刺激呼吸道黏膜，伤害人体的肺组织，容易诱发支气管炎、气管炎等呼吸系统疾病，还会对别的一些疾病的发生或发展起到催化作用，对人体的健康十分不利。

针对这一情况，设计师开始着力研发环保型烟花爆竹的烟雾消除技术。国家对于烟花爆竹燃放也出台了一系列政策，控制烟花爆竹燃放的量，从源头控制污染物质的排放。针对烟花爆竹这种易燃易爆的危险物品，国家还规范了其存储标准。

6 2008年的北京奥运会，烟花成为北京奥运会开幕式的一大亮点，奥运会上使用的烟花有哪些特点？

2008年，北京奥运会和北京残奥会开闭幕式上，"旋转五环""牡丹花开"在鸟巢棚顶绽放，"银色瀑布"沿鸟巢碗口垂下，属于中国人的民族自豪感油然而生。中国作为烟花的发源地，在北京奥运会开幕式中，烟花也成为整个开幕式中最具视觉冲击力的重要组成部分之一。烟花的内部设计以及燃放方式都充分体现了北京奥运会"科技奥运""绿色奥运""人文奥运"的理念，也充分诠释了绿色化学的理念。

2008年8月8日晚，伴随着一声声巨响，北京天空出现了由29个巨大焰火组成的脚印，沿永定门、前门、天安门、故宫……以平均2秒一步的速度向北进发，一共历时63秒，到达鸟巢上空。这29个焰火脚印象征着29届奥运会的足迹，最后一个脚印在"鸟巢"上空绽放，漫天的繁星汇聚成一个闪闪发光的星耀五环，充满着中国人独有的梦幻和浪漫气息。

记者在报道中将这29个大脚印，称为北京奥运会开幕式的神来之笔。烟花画出的大脚印按照固定的脚步"走到"主会场，给人一种奥运盛会步步走近的冲击感。这种烟花采用的是膛压式发射技术，指的是在发射筒底下设置压力舱，通过所装火药的品种和使用的量来控制筒中压力的强弱。借助这一技术可以准确地控制烟花弹飞起的高度，加上这一过程采用了数码控制点火新技术，让它可以从15千米以外准确无误地以每隔2秒1步的速度走过来，误差仅为几毫秒。制作者为了能够精确地控制一些烟花弹的爆燃时间，还专门在烟花内安装了电脑芯片，在燃放之前便设定好程序，采用电子点火巧妙地控制烟花在指定时间被引爆。烟花在燃放的过程中会释放出巨大的热，制作人员考虑到这一点，在前期工作中计算好烟花的飞行轨道，并在此基础上精确控制它的起爆时间、制高点和着陆点，确保烟花在爆炸后释放出所有的火星，并在着陆鸟巢的棚顶之前就完全燃尽，避免高温火焰对鸟巢顶部的薄膜产生破坏。可见2008年奥运会上所使用的烟花高科技含量满满。

如果说高科技是2008年北京奥运会最大的特点，在开幕式上绽放的烟花还充分体现了绿色理念。北京奥运会上的烟花真的做到了高环保。

相较于传统烟花的烟火药剂以黑火药为主，北京奥运会开幕式上所使用的烟花几乎全部是硝基化合物，用以取代硫磺。这样一来，传统烟花爆炸中常见的二氧化硫、硫化钾等有害物质以及烟尘的排放量大量减少。鸟巢上空所放的烟花采用的是"神六"发射的技术，将压缩空气代替火药，通过电磁阀控制压缩空气弹射烟花，避免了传统烟花所产生的大量气体和粉尘，充分体现了"绿色奥运"的理念。

北京奥运会开幕式上的烟花盛宴背后有一个充满"火药味"的男人——蔡国强。

他是国内各种大型活动的烟火设计师，2008年北京奥运会开幕式上令人称赞的"大脚印"便是蔡国强设计的。他也是2014年上海APEC会议上的烟花汇演的总设计和总导演；还设计了2022年北京冬季奥林匹克运动会开幕焰火，在国内影响力极大。不过在蔡国强设计北京奥运会烟火作品之前，他就已经将自己的烟花作品带向了世界。在国外的烟火表演也是广受好评，他在意大利佛罗伦萨设计过题为"空中花园"的烟火表演，曾被评价为迄今为止全世界规模最大、最复杂的烟火爆破艺术。

网络上盛传蔡国强在2015年6月15日凌晨点燃其为百岁奶奶设计的"天梯"视频，众多网友对此感到十分震撼。只见夜空犹如黑色的幕布，一条火红的天梯不断向上燃烧，照亮了整个天空。在2023年12月9日晚，他在故乡泉州蔡国强当代艺术中心于地海天之间，实现了一场艺术烟花无人机表演"海市蜃楼：为蔡国强当代艺术中心奠基仪式所作爆破计划"。蔡国强说："如果说8年前我在家乡实现的"天梯"是给百岁奶奶的礼物，这次的烟花作品就是献给我和大家心中的少年梦。"

走四方

1 中国的新年，总是会伴随着烟花爆竹，关于这一传统有一个十分悠久的神话故事。

相传在太古蛮荒时代，有一种非常凶猛而且残暴的怪兽，称为年。每当新春来临，年就要下山来吃人。有一次，年下山来，刚好有一个乞丐正在山下乞讨。乞丐十分可怜，好心的女主人从屋里拿来了一些点心，对乞丐说："赶快逃命去吧，年兽马上就要来了。"这时，年兽来了，女主人赶紧跑回屋子躲了起来。突然，不知从何处传出"噼里啪啦"的声音，只见乞丐正在拼命地燃放烟花、爆竹，年兽不知道这是何物，吓得赶紧逃跑。年兽害怕烟花爆竹的消息马上传开了，村民们纷纷回到自己家。于是，每到除夕这天，家家户户放烟花爆竹驱赶年兽，这个仪式称为"过年"。人们燃放烟花爆竹以求在新的一年里平平安安，这就是我们新年放爆竹的神话故事。

2 烟花在我国是如何生成并流行的呢？

我国有关烟花最早的记载可以追溯到唐朝，至今已有1300多年的历史。烟花的发明及发展与我国火药技术的使用息息相关。相传，烟花爆竹是由唐朝一个叫李畋的道士发明的，在《异闻录》中曾有记载，李畋"邻人仲叟为山魈所祟，畋命旦夕于庭中用竹箸火爆之，鬼乃惊遁。至晓，寂然安贴"，他利用火药、纸筒等材料制作爆竹，目的是产生巨大声响以驱鬼辟邪。相传唐太宗李世民被山鬼迷缠，久治无效，李畋借用此方法驱除山魈邪气，使得龙体康复，李世民后将李畋封为花炮祖师。

后来发展到宋朝，燃放烟花逐渐成为一项广泛的娱乐活动。人们不仅仅在新春之际燃放烟花爆竹，还会在其他许多重大节日诸如元宵、端午、中秋佳节以及婚嫁、建房等也要燃放爆竹以示庆贺。宋代词人辛弃疾曾在《青玉案·元夕》中写道："东风夜放花千树。更吹落、星如雨。宝马雕车香满路。凤箫声动，玉壶光转，一夜鱼龙舞。"烟火在辛弃疾眼中变成了花树和星雨，将本就灿烂美丽的烟火增添了浪漫的色彩。

烟花的发明与火药相关，火药又是如何被发明的呢？

火药被称作我国古代四大发明之一，其发明者是被称作"药王"的孙思邈，据史书记载，孙思邈在唐朝时期发明了火药。当时，孙思邈是一名医生，他发现一种名为"炮药"的药材可以用于治疗疾病，并且具有爆炸性质。他在炮药中加入硝石、炭粉等物质，制成了一种新的爆炸性物质，即火药。火药主要由硫黄、硝石、木炭以及辅料砷化合物、油脂等粉末状物质混合制成，这些成分均为中国古代炼丹家最常用的配料，这种多种成分混合而成的物质与中国医学有着极为深的渊源，正是这种紧密的联系，这种混合物也就被称作"药"。

火药被列为中国古代四大发明之一，成为中国古代文化最重要的象征之一，是中华传统文化的重要组成部分。火药的发明对中国古代的军事、科技均产生了极为深刻的影响。火药发明后，火器和炮兵便成为战场上的重要力量，同时火药的发明也为古代炼钢、炼铁、采矿等工业生产提供了新的动力，推动了中国古代的科技进步。

3 在我国历史上，使用火药来探索科学奥秘的世界航天第一人——万户。

传说我国古代历史上第一个想到利用火箭飞天的人，即明朝时期的万户（对此有人曾说万户是官职名称），他不爱官位，爱科学。他曾说："飞天，乃是我中华千年之夙愿。"他曾手持两个大风筝，坐在一辆捆绑着47支火箭的蛇形飞车上。然后，他命令他的仆人点燃第一排火箭，他设想利用火箭的推力，飞上天空，然后再利用风筝平稳着陆。不幸的是火箭在空中发生了爆炸，万户也为此献出了生命。600多年后的今天，我们国家早已实现了载人火箭探索太空，万户作为世界上第一个利用火箭飞行的人，尽管其设想并未成功，不过也的确为整个人类向未知世界探索的进程做出了重要的贡献。

4 浏阳作为闻名世界的烟花之乡，为什么它会有这样一个荣誉称号呢？

提起烟花之乡，最先被人们想到的应该是位于湘楚大地的浏阳，实际上准确的烟花之乡是湖南浏阳、醴陵和江西上栗、万载四地。这些地区的烟花鞭炮，久负盛名，每逢民间传统节日，或各种庆典晚会，人们都会燃放烟花以示喜庆。

浏阳于1995年被中国国务院批准授予"中国烟花之乡"的荣誉称号；2002年，国际烟花协会（IFA）成立，总部常设浏阳。浏阳的烟花始于唐，盛于宋，因工艺独特，品质优良，花色齐全，燃放安全而闻名遐迩，畅销世界50多个国家和地区。目前浏阳花炮的年产量和出口量分别占全国的60%和80%，素有"鞭炮之乡"誉称。

醴陵这座城市，除了是著名的"瓷城"以外，其实它还有着"花炮之乡"的美名，醴陵的烟花有着上千年的历史。在昆明世博会、中国普洱茶叶节、国庆50周年及澳门回归等重大焰火晚会上，醴陵烟花大放异彩。该地也是花炮祖师李畋的故乡，被誉为名副其实的"花炮之乡"。

江西上栗县是中国四大烟花爆竹主产区之一，拥有1000多家烟花爆竹生产企业，烟花爆竹产品畅销全球五大洲100多个国家和地区。上栗县和浏阳拥有相近的花炮历史和文化，上栗的烟花爆竹生产工艺已经获得了国务院"非物质文化遗产"称号和原国家工商总局的"地理标志产品"称号。上栗县成功承办了2010中国（上栗）国际花炮文化节暨烟花爆竹产业交易会，大大提高了上栗县以及上栗花炮的知名度。

江西万载的花炮产于宋朝流行于清朝。几百年来，勤劳智慧的万载人民从事花炮生产日众，代代相传，故有"花炮之乡"的美誉。据历史记载，清道光以来花炮已"通行南北，商贾络绎"。"万载花炮制作技艺"被国务院公布为国家级非物质文化遗产名录。

趣实验

烟花能够产生漂亮的颜色与其中的金属元素有关，在实验室我们也能借助这一原理来看到诡异但美丽的"鬼火"。

实验中使用的药品是呈现出美丽的蓝色外观的硫酸铜粉末，利用点燃酒精后的火焰将硫酸铜粉末点燃，最初火焰颜色就是点燃酒精灯时会出现的普通的黄色火焰，随着时间推移，火焰竟然变成了绿色。这其中的奥秘就是单质铜燃烧时发出绿色的焰色，并非"鬼火"。

神奇的鬼火

做总结

  《打上花火》的歌词中蕴含着丰富而有趣的化学知识，如"绽放光芒的烟花"是如何研制出来的？这涉及火药的发明，其主要成分包括硝酸钾、硫黄、木炭粉，这些成分在着火时产生化学反应，瞬间产生大量的热和氮气、二氧化碳等气体，从而形成烟花的绚丽效果。

  总的来说，米津玄师通过《打上花火》这首歌曲展现了他的创作才华和对音乐的热爱，尽管他内心孤独，但通过音乐传递出来的态度是积极的、正向的。他的音乐包含对现实的残酷描写，更包含着对世界与生命的热爱，让每一个听过他歌曲的人，不仅能唤醒自己隐藏于深处的哀伤，更能得到救赎，从此释怀。

11 燃烧我的卡路里

《卡路里》

《卡路里》(节选)

……
Wow
卡路里卡路里卡路
卡路里卡路里卡路
卡路里卡路里卡路
卡路里卡路里卡路
卡路里我的天敌
燃烧我的卡路里
……

作词：李聪

🎵 歌曲简介

《卡路里》是火箭少女101演唱的歌曲，出自沈腾主演的电影《西虹市首富》中插曲，该曲之所以被命名为《卡路里》，是因为"卡路里"这三个字表达了想吃东西却又努力克制的原因所在，念起来非常有跳跃感，很有魔性。这种"我又想吃东西，但是我还是很努力"的状态，是每个人都会有的共同心理映射。但这种需要减肥的普通人的心情，这种努力拼搏的状态，是歌曲和演唱者之间的一个契合点。

在电影《西虹市首富》中，沈腾饰演的落魄守门员王多鱼遭遇"月花十亿"的奇葩挑战，在一系列爆笑遭遇后，王多鱼慢慢体会到梦想和金钱孰轻孰重。为了完成"月花十亿"的挑战，王多鱼无所不用其极，极尽奢华和缺心眼儿之能事，但频频事与愿违。就在濒临绝望之际，王多鱼脑洞大开，计从心来，令整个西虹市陷入了一片健身狂潮。导演兼编剧闫非、彭大魔设计的这个桥段着实令人惊喜，而《卡路里》歌词和电影剧情贴合度简直满分，银幕上的每个人都在为"燃烧卡路里"而疯狂，火箭少女101甜美又积极向上的歌声，欢脱的旋律成为西虹市最强啦啦队之歌。

二、析歌词

《卡路里》是一首充满活力和正能量的歌曲，歌词中包含了理想与现实的落差、对减肥的热切期盼、内心动员、减肥方法论等多个层面，通过生动的语言和形象的比喻，将减肥的过程和心路历程展现得淋漓尽致。歌词中表达的减肥过程中的心理变化和实际行动，许多听众能够在其中找到共鸣，感受到歌曲传达的积极向上的精神。这种情感共鸣使得《卡路里》不仅是一首流行歌曲，还成为社会话题的焦点。

学知识

1 卡路里究竟是什么呢?

随着时代的变迁，人们的生活水平不断提升，人们逐渐开始向往健康生活。现在有许多减肥人士，或是在健身房增肌的人，在饮食方面十分注重健康。卡路里，作为衡量食物能量含量的重要单位，在营养学和健康领域中开始被广泛使用。了解食物中的卡路里含量，有助于人们制订健康饮食计划，控制体重，并确保获得足够的营养。

现如今流行用"卡路里"来衡量事物的热量，与我们曾经在中学课本中所学的不同。在中学课本中将1卡路里的标准定义为"在1个大气压下，将1克水提升1摄氏度所需要的热量"，但健身术语里常用到的热量单位却是大卡，也就是千卡。这样的不同让人们产生了不小的疑惑，究竟应该是用哪种表达呢？用"卡路里"计量食物的热量又是从什么时候开始的呢？

卡路里，英文名：Calorie，简称卡，缩写为 cal。Calorie 这个词来自拉丁语 calere，是"变热"的意思。卡路里最早用于科学领域需要提到的拉瓦锡，也就是那位推翻"燃素说"，命名了氧气，并发现呼吸和燃烧消耗氧气的原理是相同的化学界的鼻祖。也正是此人，命名了热量计，并且在论文里甚至提到了 calorique 和 chaleur，但在当时该概念是用作一种物质而并不是一个计量单位。

法国物理学家、化学家尼古拉斯·克莱门特（Nicolas Clement）在 1824 年发表的一篇文章中，提出将卡路里作为热能单位，也正是现代所说的千卡。尼库拉斯·克莱门特在讲述热力机结构的时候，向他的学生们介绍了"卡路里"这个词，若是当时有互联网，那么"卡路里"也能称得上是一个网红词。小卡的概念较之就更晚一点出现。1852 年，化学家皮埃尔·安东尼·法夫尔（Pierre Antoine Favre）和物理学家约翰·西尔伯曼（Johann Silbermann）提出了小卡的概念。由于大、小卡的概念差别并不明晰，导致许多人一直处于"傻傻分不清楚"的状态，直到有人忍无可忍。当时非常有影响力的科学家马塞林·贝特洛（Marcellin Berthelot），他率先合成过脂肪酸和一些芳香族化合物，堪称现代有机化学的一位奠基型人物。1860 年之后，此人致力于发展一门叫作"化学力学"的新学科，正是在他 1879 年发表的一篇提出新学科准则的论文中，对"小"卡路里和"大"卡路里提出了严格区分。

尽管存在定义上的争议，但"卡路里"这一概念，在 19 世纪 80 年代通过学术交流被引入了美国。这一段时间的德国生理学家使用近似分析和量热法，来确定营养均衡的食物和动物饲料的最便宜来源。美国的一名学者在德国看到了某种契机，随后回到美国开始了自己的研究。他把一名研究生关在一个密闭的房间里，通过一个小孔喂以精确定量的汉堡牛排、牛奶和土豆泥,此外还监测着这名"科学囚徒"的运动时间和精神活动,整个过程被描述为"数学规律支配着日常的进食行为"。其研究成果随后被营养学的推行者将"控制卡路里以达到健康减肥"的观念推广到了普通民众,使得20世纪20年代的瘦身风潮流行,一个世纪以来,"卡路里"最终成为减肥斗争中的重要工具。

2 虽然"卡路里"代表食物热量,但查看许多食物包装,上面用的单位却大多不是卡路里,"卡路里"跟"焦耳"两者是什么关系?

卡路里知名度虽高,但热量的国际制单位使用的是标准的能量单位焦耳(Joule,简写为J)。我国采用了焦耳作为法定计量单位,食品包装上标识食物所含热量能量所采用的单位为kJ。欧洲国家普遍使用焦耳作为食物热量的法定单位,而美国则选择采用卡路里作为食物热量单位。卡路里是一个极小的单位,与千焦之间的换算关系式:1kcal=4.184kJ。

3 许多健身人士在进食之前会测量食物的卡路里,以保证自身不会摄入过量的能量从而导致肥胖,人类是如何从食物中测量其所含卡路里的呢?

在化学学科里面用于测定燃烧热的方法叫氧弹法,利用的装置叫弹式热量计,将已知质量的样品置于氧弹中,通入氧气,点火使之完全燃烧,燃料所放出的热量传给周围的水,根据水温升高度数计算出样品能量值。早在1889年,德国生理学家马克思·鲁伯纳

（Max Rubner）就建造了一个较为精确的弹式热量计，根据热力学第一定律推测出食物焚烧后与人类分解食物的原理是相似的，只不过这个过程有速率不同，但最终都会变成能量和氧化产物，所以他认为弹式热量计测量食物所含能量的关键也在于焚烧食物。初中课本（鲁教版）就有这样一个测量食物能量的实验：先在锥形瓶中装入一定量的自来水，再将花生用酒精灯点燃后迅速移到锥形瓶下以加热自来水，最后测量自来水升高的温度，并以此计算花生燃烧放出的热量。

这个实验装置大致是符合科学原理的。但是仔细分析会发现，花生不能充分燃烧、转移中能量的损失、加热时能量不完全由水吸收等，这个实验装置得出的结果具有较大误差。但是即使这些误差修复，花生能够得以充分燃烧，并且完全燃烧后释放的热量全部被水吸收，以此来测得的能量依旧不符合要求。一方面，人体并不能消化、吸收所有可燃烧的物质，比如一些纤维素；另一方面，人体的消化与吸收也并非完美的，除了纤维素这样不能被人体消化吸收的物质，人体对可吸收物质的消化与吸收也不能做到100%，部分未被消化吸收的物质会随着粪便排出，更会有许多已吸收物质随着体液被排出。因此想要测出食物摄入身体后，人体所获得的能量，不能仅依靠直接燃烧食物的方式来实现。

现如今我们用于测量蛋白质能量、脂肪能量、碳水化合物能量的标准源自一百多年前的阿特沃特值。

19世纪末，科学家威尔伯·O.阿特沃特（Wilbur O. Atwater）开始对于食物热量进行研究。他准备了6个等质量的汉堡，其中3个放到弹式热量计中，直接计算其燃烧带来的热量值；而另外3个汉堡则让志愿者吃下去，等到第二天、第三天去收集粪便和尿液，再把这些人体无法吸收的成分，放到弹式热量计中计算剩余的热量值。最后这两个热量值一减，就等于3个汉堡吃下去后，总共被人体吸收的热量。随后他找了一批又一批的志愿者，每天给他们喂食不同种类的食物。共测量了4000多种食物，他才给出了所谓的阿特沃特值。

现在的食品标签中沿用的仍然是阿特沃特系统，即每克蛋白质有4.0千卡、每克脂肪有8.9千卡和每克碳水化合物有4.0千卡热量。只需要测出100克汉堡中含有35克脂肪，42克碳水化合物，23克蛋白质，根据阿特沃特系统，可以计算出100克汉堡所含营养成分的能量为：35×8.9+42×4.0+23×4.0=571.5千卡。

4 整首歌意在传输少摄入卡路里能够有助于减肥瘦身的思想，卡路里是如何在人体内逐渐变成脂肪的呢？

当人体摄取食物时，食物中的碳水化合物、蛋白质和脂肪等营养成分会被消化吸收，并进入血液循环系统。这些营养物质会在肝脏和其他组织中代谢，其中部分碳水化合物和蛋白质可以被代谢成脂肪酸的前体物质。这些前体物质经过一系列的反应，最终合成为脂肪酸分子。在脂肪酸的合成过程中，主要通过三个酰基载体将乙酰辅酶和丙酰辅酶A逐步连接成长链脂肪酸。这个过程中，需要多种酶的参与，包括乙酰辅酶A羧化酶、乙酰辅酶A羧化酶转移酶、β-酮戊二酸羧化酶、柠檬酸合成酶等。最终，长链脂肪酸和甘油分子通过酯化反应结合形成三酰甘油分子，即脂肪。不过，由于食物的类型各有不同，其代谢过程和产生的脂肪酸前体物质也会有所不同。例如，碳水化合物在人体中主要代谢成葡萄糖，并在肝脏和肌肉中储存为糖原，但过多的碳水化合物摄入会转化成脂肪酸进行储存。而脂肪酸和胆固醇等物质则被摄取后在小肠黏膜细胞中重新合成成为三酰甘油，然后被转运到脂肪细胞中储存。总之，食物中的营养成分最终会被代谢成为脂肪酸的前体物质，然后通过一系列的反应被合成脂肪分子。

走四方

1 如今人们的生活水平正在不断提升，人们对于健康生活也越发重视，开始了一股减肥热潮，减肥期如何控制卡路里摄入呢？

减肥风潮的流行，许多人开始通过节食的方式来实现瘦身，但是节食却给许多处于瘦身期间的人们带来了不小的身体损伤。例如，今天社会上有很多人减肥，选择不吃晚饭。长期不吃晚饭，人体会出现由于长期的蛋白质摄入不足导致的皮肤松弛和衰老，也很有可能会因为营养不良而脱发，或是使得自己的肠胃变得越发脆弱。这些现象的频发，带红了一个网络词条：长期不吃晚饭的人怎么样了？

如果是偶尔饿一两顿对身体的影响并不大，但是长期这样，胃部将会长时间处于空腹状态，胃酸分泌过多损伤胃黏膜，肠胃消化吸收功能也会受到影响，除了会出现泛酸、胃痛、烧心等症状，还可能诱发如胃炎、胃溃疡、胃黏膜糜烂等胃病。并且由于长时间空腹，胆囊无法排空帮助消化食物，胆汁中胆固醇浓度偏高，有可能会形成结晶储存在胆囊内，容易诱发胆结石或胆囊炎。

想要通过控制饮食来实现减肥的效果，但是如果长时间使得胃部处于一个排空的状态，人体肝脏中储存的糖原会大量减少，机体便会在这个时候消耗掉肌肉中蛋白质，将其转化为血糖，导致身体代谢水平快速降低，这样一来就真的会变成"喝水也胖"的易胖体质。此外，如果突然恢复了正常饮食，身体的细胞会开始拼命地吸收营养物质，这也就是为什么有许多人发布经验帖说节食减肥非常容易反弹的原因。所以说要实现健康减肥，就需要坚持不懈地从饮食、生活习惯、合理运动等方面一起努力。

趣实验

食物竟然也有能量，化学作为一门以实验为基础的学科，怎么通过实验这一方式将食物所具备的能量体现出来呢？我们可以借助橡皮糖中释放的热量这一探究实验来体现。

将橡皮糖剪碎备用，称取约 1 克的氯酸钾粉末于试管中加热至融化，随后将剪碎的橡皮糖加入已融化的氯酸钾中，会发现两者相互接触的瞬间就产生了大量白烟并且释放出大量的热量，整个试管如同火山喷发一般有巨大声响，光芒耀眼。

这是因为氯酸钾和糖类在一定条件下发生的剧烈氧化还原反应。氯酸钾具有强氧化性，分解放出大量氧气，产生大量热能与糖类反应，发生燃烧现象，这一反应被称为氯糖反应。糖的燃点在120℃~200℃，正常情况下，纯净的糖的燃烧是不能自持的。但是融化的糖在氯酸钾这种强氧化剂的存在下，能够在空气中持续燃烧。

橡皮糖的能量

做总结

　　《卡路里》歌曲的内涵主要围绕减肥和自我成长的主题，通过歌词表达了对美好生活的向往和努力，以及对自我提升的渴望。歌曲中表达了对于理想身材的向往与现实中难以达到的无奈，如"天生丽质难自弃，可惜吃啥我都不腻"等，反映了现代人对美的追求与食物诱惑之间的矛盾。歌曲展现了一个从迷茫到自我觉醒的过程，鼓励人们对梦想和未来的不懈追求。同时歌曲的多面性，也赋予了它更深层次的情感表达和思考。

12 让人上瘾的尼古丁

《戒烟》

《戒烟》(节选)

……
戒了烟我不习惯
没有你我怎么办
三年零一个礼拜
才学会怎么忍耐
你给过我的伤害
是没有一句责怪
戒了烟　染上悲伤
我也不想
……

作词：李荣浩

歌曲简介

《戒烟》是由李荣浩演唱的歌曲，收录在 2017 年 11 月 17 日发行的专辑《嗯》中。2017 年,《戒烟》获得华语乐坛十大金曲奖。

析歌词

《戒烟》是一首深刻反映现代都市人感情观的歌曲，歌词中的"戒烟"不仅指代了物理上的戒烟，更象征了心理上的依赖和习惯。这种心理上的依赖可能是对前女友的怀念，或者是面对不再需要自己关心的爱人时的无奈和痛苦。歌曲通过这种比喻，让听众能够感受到那种想要放弃却又难以割舍的情感挣扎，从而引起听众的共鸣。

学知识

1 吸烟有害健康，深受烟民追捧的香烟是如何影响人类的身体健康的呢？

香烟，是烟草制品的一种，其外观呈现出圆桶形条状，人们在吸食时把其中一端点燃，然后在另一端用嘴吸吮产生的烟雾。现如今，抽烟已经成为很多人的爱好，人际交往与酒宴应酬都离不开抽烟。香烟是一种舶来品，最早起源于美洲土著人，他们有祭祀吸烟的习俗，16世纪中叶烟草传入中国。

香烟追捧者很多，但是在香烟盒外包装上可以赫然看到印刷清晰的"吸烟有害健康"。这是因为烟草燃烧的烟雾中有4000多种化学物质，其中400多种具有毒性，超过50种为致癌物，这些物质对于人体的伤害是巨大的。

在化学界，有些化学物质在我们生活当中广泛存在，例如，尼古丁：广泛应用于杀虫剂；焦油：用来填补路面坑洞的材料；一氧化碳：汽车尾气的主要成分；砷：砒霜的主要成分；镉：电池的重要原材料；氰化物：致命剧毒；甲醛：用于制作防腐液；甲苯：工业溶剂；钋：可致癌的放射性物质；丁烷：打火机液中的气体；氨：家用清洁剂。这些物质之间看似很难产生关联，但是这些可怕的化学成分，竟然会同时出现在一支燃烧的香烟上。

在众多有害物质中，对于人体健康危害最大的是烟碱、焦油、一氧化碳及放射性物质。

烟碱也就是尼古丁，其化学式为$C_{10}H_{14}N_2$，是一种吡啶化合物，系统命名为1-甲基-2-（3-吡啶基）吡咯烷，为无色油状或淡黄色油状液体，味辛辣，具有特殊的烟臭味，沸点为248℃，溶于水和有机溶剂，有遇温水蒸气挥发而不分解的性质。尼古丁对人体的中枢神经有强烈的刺激和麻醉作用，且这种化学物质具有高度成瘾性，能够引起血管收缩、心跳加快、血压升高，造成血管内膜受损，加重动脉硬化。如果人体摄入了大量尼古丁可引起冠状动脉痉挛，诱发心绞痛和心肌梗死。一支烟中所含的尼古丁足以杀死一只小白鼠。吸入一支烟通常可吸入0.2mg~0.5mg尼古丁，成年人一次性吸入40mg~60mg尼古丁就可能致命。

12 让人上瘾的尼古丁 《戒烟》

焦油指的是烟草燃烧后产生的黑色物质,它是香烟中的有机物质,在氧气不充足的条件下不完全燃烧产生的,是多种烃类及烃的氧化物、硫化物和氮化物组成的复杂混合物。目前普遍认为焦油中的 3,4-苯并芘是最强力的致癌物,它的化学式为 $C_{20}H_{12}$,它的沸点是 179℃,一支烟中有 0.02μg~0.10μg,这正是新闻报道中多数烟民患上肺癌和喉癌的主要原因,这种物质会加重哮喘和其他肺部疾病的症状,老烟民的手指焦黄也与这种物质密不可分。

一氧化碳是一种有毒气体,其化学式为 CO,香烟点燃后除了会释放大量焦油和尼古丁外,还会释放较多的一氧化碳。一氧化碳会与血红蛋白结合,并且其与血红蛋白结合的能力比氧气要大 240~300 倍。大量吸入人体内便与血红蛋白结合,形成碳氧血红蛋白。血红蛋白与一氧化碳结合之后就会使得氧气无法结合血红蛋白,严重地削弱了红细胞的携氧能力,造成机体缺氧,因此吸烟使血液凝结加快,容易引起心肌梗死、脑卒中、心肌缺氧等心脑血管疾病。

放射性物质通过烟草烟雾进入人体,蓄积在肺内,并经血液循环转移到其他组织,形成内照射源,成为诱发癌症的原因之一。

烟草已然成为当今世界最大的可导致死亡原因。每年烟草使用导致全球 500 多万人死亡;预计到 2030 年,因烟草使用导致死亡人数将超过 800 万;到 21 世纪末,烟草将夺去 10 亿人的生命。在世界卫生组织公布的 2021 年全球人口十大死亡原因中,烟草使用是造成其中第六个死因(气管、支所管肿瘤和肺癌)的危险因素。

2 香烟在点燃后，会弥漫大量的烟雾，烟民们在抽烟时陶醉于这种烟雾之中，在香烟燃烧的背后，隐含着什么秘密呢？

在香烟点燃的过程中，当温度上升到300℃时，烟丝中的挥发性成分开始挥发而形成烟气；温度上升到450℃时，烟丝开始焦化；温度上升到600℃时，烟支被点燃而开始燃烧。

烟支燃烧时，燃烧的一端呈锥体状。吸烟时，大部分空气从燃烧锥与卷烟纸相接处进入，而锥体的中部则形成一个致密的碳化体，气流不容易通过，锥体中心含氧量很低，以至于燃烧受到限制，造成不完全燃烧。

燃烧的烟支根据其温度变化和化学反应不同，可划分成三个不同的区域，即高温燃烧区、热解蒸馏区和低温冷凝区。

高温燃烧区位于烟支的前部，主要由炭化体组成。抽吸时，中心温度最高825℃~850℃。而卷烟纸燃烧线前方0.2mm~1.0mm处温度最高可达910℃，这里也是空气进入燃烧区最多的地方。燃烧区的气相温度相对较低，抽吸过程中的温度变化在600℃~700℃之间，抽吸结束后，燃烧区的固相温度在1秒钟内，从900℃以上急剧冷却至600℃。

烟支燃烧有两种形式：一种是抽吸时的燃烧，称为吸燃；另一种是抽吸间隙的燃烧，称为阴燃。抽吸时从卷烟的滤嘴端吸出的烟气称为主流烟气，抽吸间隙从燃烧端释放出来和透过卷烟纸扩散直接进入环境的烟气称为侧流烟气。

当香烟点燃之后会生成大量烟气，这种烟气粒子是新产生的主流烟气气溶胶，每立方厘米含有109~1010个颗粒，粒子的初始直径在 0.01μm~1.0μm 之间分布，随着时间的延长，粒子直径不断增大，烟气在吸烟者口腔内保留 10 秒后，粒子直径增大至 0.1μm~46μm，平均直径为 0.2μm。侧流烟气的粒子分布与主流烟气有所差别，其分布为 0.08μm~1.0μm，平均直径为 0.15μm。烟支静燃时每秒钟产生 $6.3×10^9$ 个粒子。

香烟的烟气粒相物中除水分和烟碱以外剩下的部分，称之为焦油。焦油是卷烟烟丝中的有机物质，在缺氧条件下不完全燃烧产生的，是由多种烃类及烃的氧化物、硫化物和氮化物等组成的复杂化合物。目前一般认为卷烟烟气中的有害成分主要集中在焦油中。根据报道可知，卷烟焦油中 99.4% 的成分对人体是无害的，其中有相当一部分低挥发性成分是卷烟特有香味的来源，仅有 0.6% 的成分有害人体健康，不过在这些含量较少的有害成分中，0.2% 的成分为诱发癌症和可能致癌的成分，0.4% 为辅助致癌成分，如 3,4-苯并芘（又名笨并[a]芘）等稠环芳烃、芳香胺和亚硝胺等，所以这一点也可以辅助证明吸烟对于人体是非常不利的。

3 为什么许多烟民会对香烟上瘾？香烟究竟有怎样的魅力呢？

由于香烟中含有大量的尼古丁，烟民们在吸食香烟的过程中，人体的中枢神经处，尼古丁会和神经细胞突触上的尼古丁乙酰胆碱受体结合，像钥匙开启门锁一样通过配对激活神经，促使多巴胺大量分泌，让人感到愉悦和满足，给人体产生一种爽感。但若是长期处于这种刺激与振奋的状态下，长时间摄入尼古丁会让神经细胞突触上的受体增加，需要更多尼古丁才能激活神经分泌多巴胺，此时突然停止吸入尼古丁便会感到精神不振、萎靡无力、全身软弱，急需一支香烟来减缓这种不适感。在这种往复下,烟民们便会不自觉地吸食越来越多的烟,最终上瘾,难以戒除。据科学研究发现,烟草的成瘾性甚至高于大麻、摇头丸、冰毒等毒品。

4 现在人们的健康意识逐渐提高,发现吸食二手烟比吸烟者自己吸烟所带来的伤害要大得多,这是为什么呢?

众所周知,吸烟是肺癌高发的重要原因之一,除此之外,长期吸烟还很容易导致患上肺气肿、冠心病等多种疾病。得益于现在传媒技术的发达,已经有越来越多的人知道,二手烟的危害是远大于一手烟的。这里的一手烟指的是第一次吸入肺、胃的香烟,为热烟;而二手烟则是指一手烟从口腔和鼻腔吐出的烟尘,为冷烟。

二手烟比一手烟危害要大,是因为支流烟燃烧的温度比主流烟低,其不完全燃烧产生的致癌物相对更多,因此受到的危害就更大。有研究显示,吸烟者吐出的冷烟雾中,焦油含量比吸烟者吸入的热烟雾中多一倍,3,4-苯并芘多两倍,一氧化碳多4倍,一手烟几乎全部进入食道和胃部,胃部有消化功能,可以消化进入胃部的烟尘,缓解烟尘的危害。

吸烟者呼出的烟雾和烟草燃烧产生的颗粒组成空气污染,这就使得在吸烟者周围的人"被迫吸食"的二手烟中的有毒物质含量比一手烟低,但由于燃烧不充分,产生的致癌物相对更多。其吸入的有害物质比吸烟者吸入的更多,长期暴露于高浓度的有害物质中,也可能会对身体造成较多的危害。

吸烟者在自己享受吞云吐雾带来的快感时,也着实需要对身边人负责,注意周围人的身体健康,也应当采取其他措施,如在室内吸烟时，使用空气净化器和持续通风等，避免其他人受到二手烟带来的危害。

5 既然吸烟有害健康，那为什么国家不全面禁止吸烟呢？

我们都知道吸烟有害健康，并且我国也拍摄了许多公益广告，在这些公益广告中，经常能听到吸烟有害健康这样的广告语。但是中国吸烟的总人数现在已经超过了3亿。在现实生活中只要稍微留意也会发现，吸烟有害健康指的不仅仅是吸烟者本人的健康受到威胁，同时还会对吸烟者的家庭以及国家带来相应的损失。站在抽烟者的家庭角度来看，抽烟者的家人很可能受到二手烟的伤害，据统计被动吸烟的人员高达7.4亿。明明吸烟如此危害我们的健康，人们为什么就是戒不了烟呢？

由于中国的烟民基数巨大，若是想要让中国的烟民完全戒掉香烟，实际操作起来是很困难的。国家相关部门若贸然颁布禁烟政策，可能会带来一些社会问题。例如部分短期内无法实现完全戒烟的人数增多后，很可能会促使一条不合法的产业链的生成，会催生私烟的诞生。若是在这个过程中再出现一些黑心作坊，就会给烟民的身体带来更大的危害。毕竟现在流传在市场上的烟类商品，经过了我国相关部门检测，危害远没有一些小作坊生产的香烟危害大。

烟草产业一度是我国利润最高的产业之一。可想而知，如此高利润的产业，如果贸然禁止我国的烟草交易，绝对会给这样的产业带来致命性的打击，也会造成许多人失业进而产生社会动荡，加重我国的就业负担。

烟草税在我国的征收率是80%，经过换算可知，烟草行业一年能够给我国财政部门提供的税收是1万多亿。我国征收烟草税的主要目的是限制和减少吸烟的人数，烟草税提升了我国相关部门的财政总收入。这一现象并不是仅在我国发生，世界各地的烟草税都很高，世界卫生组织支持中国继续提高烟草税。烟草税对我国财政影响很大，如果随意改变税收状况，将牵一发而动全身。这一点可以从其他国家吸取教训，美国在1920年实行禁酒令后，社会上走私酒品行业就有了巨大的利润空间，美国出现了一批专门从事此类行业的黑帮组织。这已经违背了当初美国颁布禁酒令的初衷，给社会带来了恶劣的影响。这一事件给我们带来启示，即禁烟之后未必能达到我们的目的。

走四方

1 香烟最早在我国是如何发展的？

香烟是一种"舶来品"，从第一次被引入中国以后，就受到了广大烟民的热切欢迎。就目前来讲，香烟的受众范围是其他物品远远不可及的，不管是在世界上哪个国家与地区，都少不了香烟的身影。吸烟的人群也并不只限于男性，许多地区的女性，甚至老太太们，都以吸烟为一种潮流。

我国最早的香烟是从第一批摩登大都市——上海出现的。随着香烟的火爆，我国也成立了第一家烟草公司。最开始，在我国境内大部分的香烟市场还是被外国人所占据，后来终于研发出了自己的品牌香烟——"红双喜",从此开始了国产香烟的发展历程。

2 为了减少烟对人体造成的伤害,烟的底部会有一个滤嘴,这个滤嘴有用吗?其材质是由什么组成的呢?

滤嘴就是位于卷烟抽吸口的一个小小的过滤棒。最早在20世纪20年代,有些烟草公司,为了减少这个烟叶直接接触嘴唇的不适感,发明了这么一个过滤棒。它能过滤掉一部分焦油、烟气,看上去好像是会更健康一些。

最早的过滤棒是纸质的,后面出现过棉花、石棉等材质的过滤嘴。近30年,部分香烟制造公司开始研发了一些新的技术,并且改变过滤嘴的形态,还有设计在过滤嘴中加入薄荷味的一些物质从而减少烟气的刺激。从各家烟草公司的宣传来看,这种过滤嘴能够过滤掉卷烟中的焦油、颗粒物等一些有害物质,是一种能够减少卷烟对人体危害的措施,但是事实好像并不是这样的。

2017年发表在《美国国家癌症研究所杂志》一篇综述文章就全面阐述了这个问题。过滤嘴的出现与肺癌疾病谱的变化有关系。近30年来,肺癌的疾病谱从以鳞癌为主变成以腺癌为主。鳞癌是一种表皮癌,一般发生在中心气道,而腺癌都发生在肺部的外周部。有研究表明:卷烟烟雾的直接刺激,会导致中心气道发生鳞癌的概率增高。添加了过滤嘴的卷烟,会使得吸烟者吸入的烟雾更容易进入肺的外周,导致肺腺癌的发生。

可见无论是带过滤嘴还是不带过滤嘴的卷烟,都会危害健康,总之还是那句吸烟有害健康,不吸烟就不用担心吸烟所带来的健康危害。

3 现如今市面上出现了新型的电子烟，但这种烟被国家大力打击，电子烟对于人体有什么影响呢？

在过去的几年里，许多人开始选择吸食电子烟（图 12-1），还曾有人宣传电子烟比传统香烟危害更小，可以戒掉传统香烟，这样使得电子烟受到了许多人的青睐，主要的群体是青少年。然而，现在电子烟被禁止在网上销售，这其中发生了什么呢？电子烟的危害真的比传统香烟小吗？

图 12-1 某品牌电子烟

实际上电子烟在多个方面存在隐患。其一是存在安全隐患，由于电子烟风靡，在当时看来市场前景十分好，电子烟商家众多但是产品的质量参差不齐，给使用者带来了很大的安全隐患，如果产商在制作时使用劣质电池，便很容易引起爆炸，使得使用者的人身安全不受保障。其二是出于对于未成年人的保护，国家烟草专卖局、国家市场监督管理总局发布通知，要求不得向未成年人销售电子烟,不得通过互联网销售电子烟,不得通过互联网广告。

除了以上两点原因外,世界卫生组织还专门研究了电子烟,并得出了一个确切的结论:电子烟对健康有害,它不是一种戒烟手段,必须加强控制。根据数据显示,一些电子烟的尼古丁含量远远超过普通香烟,可见电子烟的危害比普通香烟更严重。

2019年10月30日,国家市场监督管理总局、国家烟草专卖局联合发布《关于进一步保护未成年人免受电子烟侵害的通告》。为进一步加大对未成年人身心健康的保护力度,防止未成年人通过互联网购买和吸食电子烟,自本通告印发之日起,敦促电子烟生产、销售企业或个人及时关闭电子烟互联网销售网站或客户端;敦促电商平台及时关闭电子烟店铺,并将电子烟产品及时下架;敦促电子烟生产、销售企业或个人撤回通过互联网发布的电子烟广告。

趣实验

人们在吸烟的过程中会生成烟雾,留心观察的朋友在平时点蜡烛的时候可能也会发现,将蜡烛熄灭之后也能看到白烟,我们能从这种白烟上挖掘出什么呢?

实验步骤:在点燃蜡烛后将其吹灭,会发现蜡烛吹灭后会生成白烟,这时使用点火器将白烟再次点燃,会发现蜡烛竟然复燃了。

这是因为蜡烛刚熄灭时冒出的白烟是石蜡蒸气冷凝成的石蜡固体小颗粒,这些石蜡固体小颗粒遇到点火机的火焰又变成气态,因此可以燃烧,被点燃的石蜡固体颗粒又将蜡烛重新点燃。在这个过程中,火焰顺着石蜡固体小颗粒形成的白烟一溜烟跑回了蜡烛上，就像完成了一段独特的旅行。

火焰的旅行

做总结

  《戒烟》主要涉及爱情、个人成长以及对社会现象的反思。一方面，歌曲表达了对爱情的深刻理解和情感体验，隐喻了人们对爱情的执着追求和难以割舍的情感。另一方面，歌曲反映了现代社会中人们对于某些习惯或行为的依赖以及难以自拔，隐喻了现代人在面对生活的各种诱惑时，该如何摆脱这些不良习惯，追求更加健康和积极的生活方式。

13 揭秘温室气体之谜

《原罪犯》

《原罪犯》(节选)

二氧化碳　化成感叹
文明的发展
以再难偿还
科技澎涨　地球完蛋
温室的天网
被冰河平反
六十忆宗命案
石油不够赔偿
……

作词：林夕

歌曲简介

《原罪犯》是由张学友演唱的歌曲，收录在 2007 年 1 月 1 日发行的专辑《在你身边》中。《原罪犯》讲述了二氧化碳、温室效应、冰川融化，讽刺人类贪婪的欲望，呼吁大家爱护环境。

析歌词

《原罪犯》通过丰富的意象和深刻的反思，提示了人类文明发展过程中对自然环境的破坏及其严重后果。它呼吁人们关注环境保护问题、加强合作、共同承担责任并希望人类找到一条可持续发展的道路。

学知识

1 "科技澎涨，地球完蛋，温室的天网，被冰河平反。"就如歌中所唱，地球真的会完蛋吗？温室的天网又是什么呢？

这句歌词中体现了作词者对于地球的担忧，科技的进步在一点点造福人类，但是科技进步带来的温室气体的排放量过多，使得地球开始不堪重负，冰川融化，许多国家和地区面临着消失的危险，这些都是由温室气体所致。什么是温室气体呢？

大家最熟悉的温室气体应该是二氧化碳，但实际上除了二氧化碳以外还有许多其他的气体也是温室气体，二氧化碳只是一个典型而已。温室气体指的是大气中能吸收地面反射的长波辐射，并重新发射辐射的一些气体，如水蒸气、二氧化碳、大部分制冷剂等，它们的作用是使地球表面变得更暖，类似于温室截留太阳辐射，并加热温室内空气的作用。这种温室气体使地球变得更温暖的影响称为"温室效应"。水蒸气（H_2O）、二氧化碳（CO_2）、氧化亚氮（N_2O）、氟利昂、甲烷（CH_4）等都是大气中主要的温室气体。

近些年由于群众环保意识的提升，温室气体受到越来越多的关注。温室气体的概念第一次被提出是在什么时候呢？

国际社会将最早发现温室效应的成就归功于法国著名数学家、物理学家让·巴普蒂斯·约瑟夫·傅立叶（Jean Baptiste Joseph Fourier），傅立叶也是最早使用定积分概念、提出"傅立叶变换"的科学家。

1820年，傅立叶在研究热的过程中，计算出如果一个物体，有地球那样的大小，且到太阳的距离和地球一样，只考虑太阳辐射的加热效应，那该物体应该比地球的实际温度更冷。他试图寻找其他热源，傅立叶最终建议，星际辐射或许是热源的重要部分，更也考虑了另一种可能性：地球大气层可能是一种隔热体，由此"温室效应"这一概念第一次被提出。

1856年，美国的女科学家及女权运动家尤妮斯·富特（Eunice Foote）在美国科学促进会的会议上展示了她的发现，二氧化碳和水蒸气在阳光下会使空气变暖。然而她的成果几乎被历史掩盖。直到2010年，作者雷蒙德·P.索伦森创作了一本名为《尤妮斯·富特关于二氧化碳和气候变暖的开创性研究》的书中讲述了富特的故事，富特的工作终于得到了历史的见证与认可。后来，不同国家的许多科学家致力研究排放的二氧化碳对于地球温度的影响。其中，在1979年，美国气象学家朱尔·G.查尼（Jule G. Charney）受美国科学院国家研究委员会委托，组织编写了题为《二氧化碳与气候》的科学评估报告，这一报告就是著名的《查尼报告》，在该报告上，查尼回答了使用化石燃料排放的CO_2是否会造成地球气候变化，并且指出没有理由怀疑大气CO_2浓度加倍会导致全球平均温度出现显著改变，CO_2浓度加倍将令全球温度升高1.5℃~4.5℃。该报告一经发出，全球变暖的概念正式进入公众的视野，并引起欧美各国政府的高度重视。

歌词中的"温室的天网"是什么呢？

"温室的天网"指的是温室效应，又称"花房效应"。太阳短波辐射使地表受热，地表外放大量长波热辐射线被大气吸收，使地表温度增高；因其作用类似于"大棚栽培"农作物的温室，故名温室效应。CO_2是一种温室气体，它是温室效应的主角，它能够吸收地面辐射的热量，并再反馈给地面，对地面起到了保温作用，从而使地面温度上升、全球变暖、冰川融化。

2 作为温室气体的主要成分——二氧化碳，二氧化碳浓度为什么就会造成全球气温变暖呢？

二氧化碳是一种无色无味的，密度比空气大的气体，会沉积于地表，并且有吸热、隔热的特性。二氧化碳主要是动物呼吸、工农业生产、其他人类活动造成的，植物、海洋浮游生物可以大量吸收二氧化碳，经过光合作用转化成氧气，但城市内植物稀少、人群密集，很容易形成二氧化碳聚集。

由于二氧化碳大量沉积地表，大量吸收太阳辐射、地表辐射，以及人类活动造成的其他热辐射，导致气温升高，并且它会一定程度阻隔地表辐射向外散热，相当于在城市上空形成一个二氧化碳的大罩子，热辐射能进来，但想出去相当不容易。除了陆地上的热量外，海洋吸收的部分能量也会辐射到大气层，同样能被二氧化碳等温室气体吸收。二氧化碳等温室气体能高效吸收红外辐射，并向各个方向散射。从地球辐射的能量中，约81%被温室气体捕获，再辐射回到接近地球的较低大气层，不会返回太空。地球、大气层和太空之间持续辐射发生的动态的热交换，建立起相对稳定的热平衡，使地球的平均温度较好地维持稳定。否则地球可能由于太阳辐射而变得非常炎热。若大气层没有将地球辐射的热量反射回地球，地球接收到的太阳辐射被直接返回太空，地球将会变得冰冷。当大气中二氧化碳等温室气体过多之后，将有大于81%的太阳辐射返回到地球表面，使地球的平均气温上升，导致地球气温全范围内偏高。19世纪末以来，全球二氧化碳气体的排放量持续增加，使全球气温上升，造成一系列气候问题。倡导节能减排、低碳生活，是人类不可忽视的大事。

3 歌词中写道"二氧化碳 化成感叹 文明的发展 以再难偿还 科技澎涨 地球完蛋"，为什么科技进步会导致温室效应呢？这其中有什么联系吗？

18世纪60年代，人类的历史上出现工业革命，给人类文明带来了飞速进步，人们的生活也就此进入飞速发展阶段，但是快速发展的同时也伴随着一系列的不良后果。工业革命后，工厂开设数量增加，各类科技产品不断出现在市面上，同时人们的生活水平提升，随之排放出很多二氧化碳、甲烷、一氧化碳、全氧化碳、六氟化硫、臭氧之类的温室气体。在这些温室气体的影响下，地球表面的温度越来越高。

近年来全球气温快速上升，主要是人为作用，使大气中温室气体的浓度急剧上升所致。尤其是近代以来全球暖化异常严重，之所以如此，首先是因为1776年詹姆斯·瓦特对托马斯·纽科门蒸汽机的改进，在英国、西欧乃至全世界引发了第一次工业革命。至此之后，人类燃烧化石燃料使二氧化碳含量急剧增加，近十年来增加近30%；其次是甲烷，从饲养牲畜的粪便发酵、污水泄漏及稻田粪肥发酵等活动产生的；还有许多人类合成的，自然界原本不存在的气体，如氟利昂。到了现代社会，由于科学技术不断进步，人们的生活也从科技进步中获得了许多红利。开车比散步或骑自行车更快且更舒适，空调的使用使得人们一直能够过上冬暖夏凉的日子，北方城市集中供暖让北方人民尽管身处严寒的环境也能够在室内保证足够的温暖。然而，这些新技术大多依赖于化石燃料，我们使用的技术越多，释放到大气中的二氧化碳就越多，全球变暖愈发严重。全球变暖导致南极洲和格陵兰岛的冰盖迅速融化，海平面上升，地球表面变暖，最明显的表现就是南北两极冰川加速融化。近些年来的观测数据显示，这个趋势还在持续。在过去的50年至少有7个大冰架消失。我国的长江、黄河上游的冰川正在加速融化，威胁着生活在低洼地区的数百万人类和长期生活在那里的动物们。全球变暖除了影响部分地区人类和动物以外，对世界经济也有较大影响。

13 揭秘温室气体之谜《原罪犯》

全球变暖对气候造成了影响，部分地区由于蒸发迅速变得干燥。例如：我国北方地区近些年来持续的干旱，国家对此早已实施南水北调措施；另外一部分地方则由于降水量过多导致洪涝灾害，这些自然灾害对于人类生活以及一些农作物的生长都产生了不利的影响。且由于全球变暖，地球上大量的物种迅速灭绝，全球 1/3 的物种受到威胁，全球生态系统发生变化，生物群落受到破坏，导致物种大规模死亡。近些年来报道的森林火灾越来越频繁、影响范围也越来越大，这对温室效应是一个恶性循环。因为森林是二氧化碳的重要吸收源之一，目前全世界的森林正以每年 460 万英亩的速度从地球上消失，这个速度还在提升。

由此可见，当人们在享受科学技术带给人们便利的同时，也需要改变对使用新技术的态度和行为，否则将有更多的碳排放，导致全球变暖愈加剧烈。

4 针对全球气候变暖愈演愈烈的局面，我国曾对此提出过"双碳"的概念，即碳达峰和碳中和，"双碳"具体指的是什么？对于生态环境有什么影响？

2020 年 9 月，习近平主席在第七十五届联合国大会一般性辩论上阐明，应对气候变化《巴黎协定》代表了全球绿色低碳转型的大方向，是保护地球家园需要采取的最低限度行动，各国必须迈出决定性步伐。同时宣布，中国将提高国家自主贡献力度，采取更加有力的政策和措施。二氧化碳排放力争于 2030 年前达到峰值，努力争取 2060 年前实现碳中和。中国的这一庄严承诺，在全球引起巨大反响，赢得国际社会的积极评价。在此后的多个重大国际场合，习近平反复重申了中国的"双碳"目标，并强调要坚决落实。

什么是碳排放？

上文所说的减少碳排放，这其中的碳排放从化学角度进行分析，可分为燃烧过程中的碳排放和化学反应中的碳排放。

燃烧是碳排放的重要途径之一。无论是化石燃料的燃烧，还是生物质的燃烧，都会产生大量的二氧化碳和一氧化碳等气体。这些气体的排放加剧了温室效应，导致地球气候的变暖。除了燃烧之外，化学反应也是碳排放的重要原因。例如，工业生产中的化学反应常常需要使用化石能源，而这些化石能源的燃烧会产生大量的二氧化碳。除此之外，一些化学反应本身就会产生或放出二氧化碳，如碳酸氢盐与酸反应时生成的二氧化碳气体。

碳达峰和碳中和又是什么概念呢？

碳达峰和碳中和是应对气候变化和减少温室气体排放的两个关键概念。从化学角度来看，碳达峰意味着减少化石燃料的燃烧以及加强对其他碳排放源（如工业过程）的控制，通过降低排放量，碳达峰旨在减缓大气中温室气体的累积，并为碳中和打下基础。碳中和是指通过移除或抵消等量的二氧化碳，使二氧化碳排放量与自然吸收和处理二氧化碳的能力达到平衡，化学上，这可以通过多种途径实现。例如，利用碳捕获技术从排放源（如燃煤电厂）中捕获二氧化碳并进行封存，或者通过植树造林和生态系统恢复来增加自然吸收二氧化碳的能力。

总体而言，碳达峰和碳中和旨在实现减少二氧化碳排放源和增加二氧化碳吸收源之间的平衡。这需要开发和应用新的技术和策略，以减少碳排放并提高碳中和能力。国家、企业、产品、活动或个人在一定时间内直接或间接产生的二氧化碳或温室气体排放总量，通过植树造林、节能减排等形式，抵消自身产生的二氧化碳或温室气体排放量，实现正负抵消，达到相对"零排放"，以实现气候变化的全球应对目标。而在实现"碳中和"之前有一个阶段性的目标，力争2030年前二氧化碳的排放不再增加，达到峰值，之后逐步回落。碳达峰是二氧化碳排放量由增转降的历史拐点，标志着碳排放与经济发展实现脱钩。

中国共产党从诞生之日起，就矢志不渝地为中国人民谋幸福、为中华民族谋复兴。一百多年来，中国共产党带领中国人民经过艰苦卓绝的伟大斗争，实现了民族独立和人民解放，在此基础上找到了一条走向繁荣富强的正确道路，并全面建成小康社会、实现了第一个百年奋斗目标。站在第二个百年奋斗目标的历史新起点，我们要振奋精神、开拓创新，力争到21世纪中叶全面建成富强民主文明和谐美丽的社会主义现代化强国。"双碳"目标是我国基于推动构建人类命运共同体的责任担当和实现可持续发展的内在要求而做出的重大战略决策，展示了我国为应对全球气候变化做出的新努力和新贡献，体现了对多边主义的坚定支持，为国际社会全面有效落实《巴黎协定》注入强大动力，重振全球气候行动的信心与希望，彰显了中国积极应对气候变化、走绿色低碳发展道路、推动全人类共同发展的坚定决心。这向全世界展示了应对气候变化的中国雄心和大国担当，使我国从应对气候变化的积极参与者、努力贡献者，逐步成为关键引领者。这一战略倡导绿色、环保、低碳的生活方式，旨在促进经济发展与二氧化碳排放脱钩，实现可持续发展。

5 二氧化碳排放量过多容易导致全球气温的升高使得地球各方面收到不良的影响，二氧化碳难道没有什么对于人类有益的作用吗？

二氧化碳虽然是造成温室效应的主要原因，但是生态圈中又缺不了这一种物质。因为二氧化碳在整个生态循环的过程中，能够参与植物的光合作用中，产生能量物质。整个地球的生态圈里的生命都是需要能量才能维持生命活动，二氧化碳则是整个反应过程中的最基础物质，没有它的存在，就不会有生命的存在。

另外，由于二氧化碳是一种不活泼的气体，不能够支持燃烧，人类借助二氧化碳的这一性质制作了二氧化碳灭火器。在常压下，液态的二氧化碳会立即汽化，一般1千克的液态二氧化碳可产生约0.5立方米的气体。在使用二氧化碳灭火器来实现灭火时，二氧化碳气体可以排除空气而包围在燃烧物体的表面或分布于较密闭的空间中，降低可燃物周围或防护空间内的氧浓度。失去了氧气这一助燃气体，便会产生窒息作用而灭火。同时，由于二氧化碳从储存容器中喷出时会迅速由液体迅速汽化成气体，这一过程会从周围吸收部分热量，除了隔绝氧气，还能够在一定程度上起到降低温度的作用。

虽然二氧化碳灭火器可以用于灭火，但是并不是所有种类的火灾都能够借用这类灭火器实现火势控制！

二氧化碳灭火器适用于A、B、C类火灾，但是不适用于金属火灾。根据国家标准《火灾分类》（GB/T 4968—2008）的规定，A类火灾指的是固体物质火灾，一般在燃烧时能产生灼热的余烬。例如木材、干草、煤这种物质通常具有有机物质性质，还包括炭、棉、毛、麻、纸张等火灾。B类火灾则是指液体或可熔化的固体物质火灾，例如煤油、柴油、原油、甲醇、乙醇、沥青、石蜡、塑料等火灾。C类火灾指气体火灾，例如煤气、天然气、甲烷、乙烷、丙烷、氢气等火灾。

但是二氧化碳灭火器不适用扑灭金属火灾，例如金属钠和镁等金属，因为钠、钾等活泼金属与二氧化碳反应，会助燃，所以不适用于如金属铝、钠、钾、镁、锂、锑、镉、铀、钚等金属燃烧形成的火灾。同时，二氧化碳灭火器不宜在室外刮大风时使用。在窄小和密闭的空间使用后，注意要及时通风或人员撤离现场，以防窒息。在使用二氧化碳灭火器扑救A、B、C类火灾后，还需要及时注意防止火复燃。

走四方

1 如何预防温室效应？谈谈你的看法

低碳出行，如骑自行车代替小轿车；爱护花草树木，使他们多吸收二氧化碳；节约资源，可以降低二氧化碳的排放。

低碳生活，就是指生活中尽力减少所消耗的能量，特别是二氧化碳的排放量，从而实现低碳目标，减少对大气的污染，减缓生态恶化。主要是从节电、节气和回收三个环节来改变生活细节。

2 你有听说过"狗死洞"的传说吗?

在意大利有一个"狗死洞",狗一过去就会死亡,人走过去却安然无恙。为什么会有如此奇怪的现象呢?迷信的人说:"洞里住了个专杀狗的妖怪。"这个妖怪就是"二氧化碳",二氧化碳能使人或动物窒息而死。

"狗死洞"是一口石灰岩溶洞,主要成分是碳酸钙,它在地下深处受热分解就会放出二氧化碳,含二氧化碳的地下水与碳酸钙反应生成溶于水的碳酸氢钙,低压下碳酸氢钙就分解出二氧化碳气体。二氧化碳比空气重,它从水里析出后积聚在地面附近,形成半米左右高的气层。虽然二氧化碳是一种无毒的气体,这样看来似乎不会使人体或者动物受到生命威胁,但是二氧化碳浓度过高后,氧气的含量相对减少,生物体缺少了氧气就会逐渐窒息,同时二氧化碳浓度在一定的范围里可以刺激延髓的呼吸中枢,使呼吸加深加快,当浓度到达一定程度时,其对延髓呼吸中枢的作用由兴奋作用变为抑制作用,也就是常见的二氧化碳麻醉。在这样的条件下,生物体会很容易窒息死亡。但在这个"狗死洞",人站在洞里,气层只没到膝盖,虽然会有少量二氧化碳扩散开来,但仅会使人们感到不舒服。这便是"狗死洞"的谜底。

同样的原理,在我国北方地区常常被劳动人民用到,那就是北方用于储存蔬菜的地窖。在北方,许多农村地区的家庭为了防止蔬菜被冻坏,会在地下挖两至三米深的地下室储存蔬菜,并在菜窖里放几缸水,这样便会使得地窖保持0℃~5℃的温度。土豆、萝卜、白菜等蔬菜适合放置在菜窖里面,一般能保存到第二年开春。地窖里面冬暖夏凉,蔬菜在里面能够保持新鲜。北方人民之所以在冬天时在地窖里面放水,是因为冬天地窖里温度低,水非常容易结冰,液态的水遇冷凝固为固态的冰,同时放出热量,使地窖的温度不至于过低而将菜冻坏。由于蔬菜还会在地窖中保持呼吸作用,即吸收氧气放出二氧化碳,地窖中的二氧化碳浓度会不断增大。浓度过大的时候,便会抑制蔬菜的呼吸作用,这样蔬菜会保持一定的新鲜。地窖中消耗的氧气无法得到补充,二氧化碳的比重会越来越大,这时如果人们进入地窖,很容易因为缺氧而导致晕厥,造成生命危险。所以人们在进地窖取蔬菜时,往往会将地窖的通风口打开一段时间进行灯火试验,即往地窖中吊入一盏油灯,根据油灯是否会熄灭,来判断底下的含氧量是否会使人窒息。

趣实验

不知道你们有没有过这样的体验,在吹气球的时候如果用力过猛或者时间太长,会出现头晕的现象,这是人体短时间缺氧而导致的。那有没有可能让气球自己鼓起来呢?今天的这个趣实验就介绍一个神奇的魔瓶。

在锥形瓶中加入一定量的白醋,同时称取一定量的碳酸氢钠(小苏打)置于气球内,将气球套在锥形瓶瓶口,随后抬起气球,让其中的碳酸氢钠粉末能够落入锥形瓶中,随后便可以发现气球竟不用借助外力,自己慢慢变大了。

这是因为醋和小苏打混合后,它们所含的醋酸和碳酸氢钠将发生如下的反应:$CH_3COOH + NaHCO_3 \rightarrow CH_3COONa + CO_2 \uparrow + H_2O$,

这一反应产生的二氧化碳气体从瓶中溢出到气球内,就形成了如同"吹气球"一般的效果。

魔瓶吹气球

做总结

  《原罪犯》主要探讨了人类对自然的破坏与责任。人类对自然资源的过度开采和浪费,如"全世界　变成无辜的雪霜""文化的遗产　毁于一旦",暗示对自然资源的滥用和对环境的破坏,最终会导致人类文明的毁灭。歌曲通过其深刻的歌词内容,呼吁人们反思人类行为对地球环境的影响,强调人类应该承担起保护地球的责任,寻求与自然的和谐共存,避免最终的灾难。

14 大自然中的液体黄金

《栀子花开》

《栀子花开》（节选）

栀子花开，So beautiful so white
这是个季节我们将离开
难舍的你　害羞的女孩
就像一阵清香　萦绕在我的心怀
……

作词：吴奕

♪ 歌曲简介

《栀子花开》是中国内地男艺人何炅推出的第一支单曲。由吴姫作词,毛慧作曲,周笛编曲,收录在何炅 2004 年 7 月发行的第一张专辑《可以爱》中。2004 年,何炅凭借该曲获得 TVB8 金曲奖年度最佳新人奖。2005 年 3 月,《栀子花开》获得第 12 届东方风云榜十大金曲奖。2015 年,《栀子花开》成为何炅导演的青春校园电影《栀子花开 2015》的主题曲,由何炅、王诗龄演唱。

二、析歌词

《栀子花开》在 2004 年 6 月发布的,本意是在六月唱一首歌给所有即将和老同学分别离开校园的朋友们,六月也正是栀子花绽放的时节,循着这个思路,《栀子花开》逐渐成形。歌词描绘了青春期对爱情和校园的美好向往,通过栀子花这一象征纯洁和美好的植物,展现了年轻人纯洁无瑕的心灵和对未来的期待。

学知识

1 "南国有栀子 闻香知雅意",栀子花素洁淡雅,外观上没有玫瑰娇艳,但其幽香仍能使人陶醉。这种幽香究竟是如何产生的呢?

春天常会见到蜜蜂、蝴蝶在花丛中流连(图 14-1),伴随着空气中弥漫的芳香气味,很容易让人联想到花香源自小动物们喜欢的花蕊中,其实花产生的芳香气味与花瓣关系更为密切。

图 14-1 ▲ 花香引蝶

花的香味来自一种易挥发的芳香油,它存在于花瓣中的产油细胞中。这些产油细胞会不断地分泌出带有香味的芳香油,不同品种的花朵分泌出来的芳香油不一样。当花开放的时候,芳香油挥发出来便会形成每种花独特的香味,由于芳香油很容易挥发,当花开的时候,芳香油就会随着水分一起散发出来,所以在花开时节,我们

歌曲中的科学:化学探秘

总能闻到淡淡的芳香气味。

从芳香油产生到人类能够感应到香味,这个过程常常被作为化学课堂上讲解布朗运动的经典案例。

易挥发性芳香油分子挥发到空气中,并做永不停息的、无规则的运动,飘浮到人们鼻孔中的嗅觉细胞上,会让人嗅到一阵香味,这便是花香。这种分子处于不停息的、无规则的运动状态,人们称之为布朗运动。

根据现有的研究可知,分析栀子花中的挥发性成分后,共检出52种挥发性物质,包含7种类型的挥发性物质:烯烃(10种)烷烃(2种)醛类(1种)醇类(8种)酚类(1种)酯类(29种)和1种吲哚挥发性物质。

除了开放时产生的香味宜人(图14-2为绽放时的栀子花),人们还从栀子花中提取出来芳香物质制作各种香料,丰富人们的日常生活。例如:栀子花采用浸提法可生产栀子花浸膏,广泛用于化妆品香料和食品香料;采用水蒸气蒸馏法生产栀子花油,制得的栀子

图 14-2 ▲ 绽放的栀子花

花油用于配置多种花香型香水、香皂、化妆品香精；采用减压分馏方法将栀子花油的乙酸苄酯及乙酸芳樟酯单离出来，作为日用化妆常用主香剂或协调剂，或用于食品香精中。

日常生活中常会发现，不同的花散发出来的香味有所不同，浓郁程度也不一样，这是因为不同的花散发的芳香油是不同的，所以花香也会不同。即使同品种的花在不同的生长阶段，芳香油成分的种类和含量也不同，香味也会有所差别。例如，孙宝国院士曾在《食用调香术》书中描述：玫瑰花主要挥发性香成分有300多种，主要有苯乙醇、香茅醇乙酸酯等。茉莉花的花香中鉴定出100余种香气成分，包括酯、醇、酸等多类物质，主要成分为吲哚。

2 近些年精油市场壮大，市场开始流行用芳香精油来缓解工作和生活所带来的压力。栀子花精油是如何提取出来的呢？

如今快节奏下人们常会感到疲惫，很多人选择使用芳香SPA的方式缓解压力，使全身心都沉浸在芬芳之中。许多商家看中了芳香疗法的商机，开发出各式芳香产品。精油是从香料植物或泌香动物中加工提取得到的挥发性含香物质。从栀子花中提取出来的精油，常呈现淡黄色，具有令人心旷神怡的清香且有着甜味。除了能用于SPA缓解人们的压力之外，栀子花精油中的不饱和脂肪酸含量在80%以上，其中54%为亚油酸，能有效溶解胆固醇，具有降血脂、清除血管内壁沉积物以及降血压的作用。栀子花精油中还含有栀子黄色素、栀子苷、绿原酸等生理活性物质，能够在一定程度上杀菌消炎、抗氧化。

如何提取出精油呢？

栀子花精油的提取常使用溶剂萃取法、水蒸气蒸馏法和脂吸法等方式萃取。水蒸气蒸馏法需要在高温条件下，这对栀子花精油头香影响很大，得到的精油质量较差，没有天然鲜花气息。溶剂萃取法则容易残留少量溶剂，具有一定的敏感性。栀子花精油提取工艺的复杂度也就暗示了其价格不菲，再加上栀子花出油率仅为 0.1% 左右，所以天然栀子花精油的价格比较高，真正纯度高的精油比黄金还贵，因此纯正的精油又被称为"液体黄金"。

在发现现有的方法具有一定的缺陷后，人们不断提升着精油提取技术，现在多采用超临界 CO_2 萃取法提取。这样的方式提取的栀子花头香精油可以最大限度地保留栀子鲜花的特征香气，萃取效率得到提升的同时萃取的精油品质更高。

3 采用超临界 CO_2 萃取法提取栀子花精油，这种方法具体又是怎么操作实现的呢？

超临界 CO_2 萃取法，顾名思义是利用超临界的二氧化碳作为溶剂的一种萃取技术。这种萃取技术的优点是能够在接近室温的条件下进行，有效地防止热敏性物质的氧化和逸散，可以保持药用植物的全部成分。

超临界 CO_2 这一名词听起来有点陌生，实际上指的是在操作过程中，二氧化碳被加压至超过其临界点，即气、液相临界点，转变为超临界流体。处于超临界流体这一状态下的二氧化碳具有高度溶解能力，能够代替许多有机溶剂有效地溶解多种物质，提取过程中可以采取常温提取，是一种十分绿色的提纯技术。超临界二氧化碳萃取过程中，通过调节压力和温度来控制二氧化碳的溶解能力，从而实现对目标物质的有效提取和分离。

使用超临界 CO_2 萃取法提取精油的过程中避免使用大量有机溶剂，CO_2 本身无色、无味、无毒且不燃烧。使用超临界 CO_2 萃取法进行精油提取带来的好处，是能够有效防止最终的萃取物中无关溶剂的残留，这样能够保证提高产品的纯度，并且也能够有效避免在精油提取过程中，部分有机溶剂对于人体的毒害以及对于环境的污染。因此，超临界 CO_2 萃取法被人们认为是 100% 纯天然的提取方法。

不过采用这种方法提取栀子花精油，需要借助昂贵的设备才能实现，并且在制作过程中还会导致能源消耗较多，这些因素都导致了提取出来的精油成本比较高，所以市场上纯净的精油价格较为高昂。除了运用于芳香精油的提取外，超临界 CO_2 萃取法存在许多优点，被广泛地运用于其他领域，例如，利用超临界 CO_2 制备纳米粒子以及利用超临界 CO_2 进行清洗等。

4 有栽培栀子花经验的朋友可能会遇到叶片发黄的情况，并且还老是不开花，这一问题运用化学小技巧就可以解决。

栀子花叶片发黄，这一情况相信许多种植过这类花的朋友遇到过。栀子花是一种喜酸性土壤的植物，但是各个地区水质不同，有些地区的水质偏碱性，时间久了之后，盆中栀子花所在的土壤中的酸度渐渐流失，酸碱中和后继续添加碱性水质，最后逐渐成为碱性土壤。栀子花最不喜欢的便是碱性土壤，久而久之就呈现出叶片发黄的现象，缺乏营养自然无法开花。如果采取经常更换土壤的方法来解决这个问题，植物会因为频繁更换土壤导致死亡。如何使得栀子花发黄的叶片恢复如新,长出芳香宜人的栀子花呢?我们可以借助化学知识来实现。

要有效解决这一问题,可以使用硫酸亚铁溶液来调整花盆中的酸碱度,同时还可以给植物提供缺少的铁元素。之所以可以用硫酸亚铁来调整酸碱度,是因为亚铁离子在水解的过程中会生成氢离子,中和碱性土壤中的氢氧根离子,逐渐将花盆中的土壤调整为栀子花所喜欢的酸性土壤。使用硫酸亚铁除了上述两个原因外,还因为硫酸亚铁是常见的化学肥料,常用于促进植物生长,尽管该名词中有"硫酸"二字,但并不会对人体或者环境造成不好的影响。

5 除了叶片发黄这一现象外,细心的朋友可能也会留意到,有时候栀子花叶片上会出现一些白色结晶物质,这又是什么情况呢?

栀子花析出晶体其实主要与这种植物中所含的化学成分有关。栀子花中主要含有双硫苷类化合物、黄酮类化合物和挥发油等成分,这些化学成分在适当的条件下可以结晶形成晶体。

其中双硫苷类化合物是一类含有两个硫醚键的有机化合物,当栀子花中最主要的双硫苷类化合物——栀子苦素与其他化学物质或条件发生反应时,易产生析晶现象。黄酮类化合物往往具有较高的亲水性,当栀子花中的黄酮类化合物与水分子结合时,可以形成水合物晶体,并且这种水合物晶体具有一定的稳定性,在适当的条件下析出,也能呈现出"结晶"的状态。再加上栀子花中产生的挥发油这类化学物质,除了上文所说的能够挥发出淡淡的香味外,在挥发的过程中也有可能形成微小的晶体。

走四方

1 歌词中多处表达了分离时的不舍情绪，栀子花常与毕业季相联系。

栀子花的花期主要集中在 6—7 月，恰逢这时候是毕业季，所以每次到了 6 月左右，空气中就会弥漫着一种淡淡的离别情绪，几年的学生时光即将结束，朝夕相处的小伙伴们即将天各一方，毕业的"散伙饭"是最后一次全员聚齐，以后恐怕再难有这样的机会。也就因此，每每想到栀子花开的季节就会想到毕业季。同学之间可以互相赠送一朵栀子花，代表彼此之间厚重的情义，离别过后终会重逢。

2 现代人对于栀子花常怀有离别的意味，其实在古人眼里，栀子花也别有深意。

在清代文人李汝珍创作的《镜花缘》这本书中，讲到上官婉儿将百花划分为"十二师""十二友""十二婢"，分别是上、中、下三个等列。其中栀子花被称为"十二友"中的禅友。栀子花在我国被视为吉祥如意、瑞气的象征，也寓意着高雅、纯洁的友谊。在古代南方地区，尤其是在端午节前后，女子会将栀子花插在衣服上、戴在头发上，寓意吉祥如意。现代人常送人鲜花表示祝福或者情谊，这在古代也十分流行，在古代，送别人栀子花表示对对方真挚的祝福。如果是男子向女子赠送栀子花，则是赞美其纯洁美丽、表达自己的爱慕之情。

除了表达相互之间的情谊外，栀子花在我国古代文学作品中还常被赞美为"海上花"，这一称谓代表着历史的波澜壮阔与中华文化的繁荣发展，具有较高的文化价值，常见于宋代文人雅士的书画作品中。尽管栀子花在不同的地域和时代中，扮演着不同的角色和意义，但总体而言，栀子这种植物是文化和生活方式的象征，在历史长河中逐渐成为中国文化的重要组成部分。

趣实验

在真实的客观世界我们可以看到多彩且芬芳的花园，借助化学这一奇妙的学科，我们也可以创造出一个属于自己的神秘花园，该如何制作呢？这需要借助一些乙醇、单质钠、无色酚酞等化学药品。

具体操作为：在一定量无水乙醇中溶解酚酞，再往其中加入少量单质钠。在操作过程中注意，由于钠的性质极为活泼，所以全程要使用手套，使用之前将钠表面的煤油擦干后，放入无水乙醇会看到逐渐形成了一朵红色的花，远处看真如春日花园中花团锦簇的场景。

此实验的原理是：金属钠与乙醇会发生取代反应，生成具有碱性的乙醇钠，乙醇钠会使酚酞溶液变成红色。由于乙醇与钠的反应较为温和，所以可以看到类似花朵缓慢绽放的过程。因此我们会发现红色的"花朵"会慢慢地绽放。

醇钠花园

做总结

　　《栀子花开》主要讲述青春、友情、爱情以及对美好生活的向往和追求，优美的旋律和简单易懂的歌词深受大众喜爱，成为很多人青春时代的回忆。在歌曲 MV 中特意选取了湖南第一师范等场景，象征着学生时代的懵懂爱情是纯洁美好的，无论过了多少年，总记得和学校里某个男孩儿或女孩儿有着某一个怎样的约定，这些元素共同赋予歌曲丰富的内涵和深刻的意义。

15 葡萄美酒夜光杯

《葡萄成熟时》

《葡萄成熟时》（节选）

……
或者要到你 将爱酿成醇酒 时机先至熟透
应该怎么爱
可惜书里从没记载 终于摸出来
但岁月却不回来 不回来
错过了春天 可会再花开
……
问到何时葡萄先熟透
你要静候 再静候
……

作词：黄伟文

歌曲简介

《葡萄成熟时》是陈奕迅演唱的一首粤语歌曲,由黄伟文作词,周炳辉(Vincent Chow)等作曲,陈伟文(Adrian Chan)编曲,收录于陈奕迅 2005 年 6 月 7 日由新艺宝唱片发行的录音室专辑《U87》中。

析歌词

歌词借用对葡萄的苦心种植却收获寥寥的描述,体现了作者对人生、爱情的另一番理解与智慧。

学知识

1 歌词"将爱酿成醇酒"用葡萄酒作为爱情的象征。从葡萄变成葡萄酒需要经历哪些过程?中间发生了哪些变化?

葡萄酒的酿造,是一门化学艺术与自然恩赐的完美结合。在探索这一过程之前,让我们先回顾一下人类是如何发现葡萄可以酿造美酒的历史。据科学家推测,葡萄酒的起源大约在一万年前。最早的葡萄酒可能是由成熟的葡萄自然落地,果皮破裂后,果汁与空气中的酵母菌接触,自然发酵而成。人们发现了这种自然的产物后,开始模仿并改进这一过程,逐渐发展出了酿酒技术。

在酿酒的化学过程中,起初,葡萄中的糖分,特别是葡萄糖和果糖，在酵母菌的作用下，经历了一系列的转化，最终变成了酒精和二氧化碳。这一过程可以用以下化学方程式表示：

$$C_6H_{12}O_6 + Zymase（酶）\rightarrow 2C_2H_5OH + 2CO_2$$

这一糖酵解过程，是酿酒的核心所在。随着发酵的不断进行，葡萄汁中的有机酸，如苹果酸和葡萄酸，也开始转化。苹果酸在二次发酵中可以转化为更加柔和的乳酸：

$$C_4H_6O_5 \rightarrow C_3H_6O_3$$

这些有机酸的降解不仅影响着葡萄酒的口感，更是赋予了其独特的风味和个性。而葡萄皮中的色素和单宁，则在整个酿造过程中扮演着至关重要的角色，尤其是在制作红葡萄酒时。它们所释放的丰富色彩和丰厚口感元素，为葡萄酒增添了层次和深度。

这一系列化学反应和物质转化，包括糖酵解、有机酸的降解，以及色素和单宁的提取，共同塑造了葡萄酒的口感、风味和品质，赋予每一瓶葡萄酒独特的身份和魅力。这些变化不仅是化学反应的结果，更是时间和精心培育的见证，是酿酒大师们智慧与悉心呵护的结晶。葡萄酒的酿造，既是一门科学，也是一种艺术，它记录了人类与自然的和谐共生，以及对美好生活的不懈追求。

2 "问到何时葡萄先熟透"，葡萄成熟涉及糖分的积累和色素的变化。那么，哪些化学物质在葡萄成熟过程中起着关键作用，它们是如何影响葡萄的口感和颜色的？

在探讨葡萄成熟的过程中，我们深入了解了植物生长和果实发育的化学奥秘。这一过程不仅构成了葡萄酒制作的基石，而且在很大程度上塑造了葡萄酒的口感、香气和色泽。葡萄成熟的关键在于糖分、色素和有机酸等化学物质的变化，这些因素共同决定了葡萄的品质和独特性。

糖分的积累是葡萄成熟过程中的核心。随着果实的成长，叶绿素的降解和阳光的照射促进了叶绿体的光合作用，使得葡萄能够更有效地合成和储存糖分。葡萄中的葡萄糖和果糖含量的增加，不仅为成熟葡萄提供了甜美的味道，也为酿酒过程中的发酵提供了必要的碳源。

葡萄的颜色变化也是成熟过程中的一个重要标志。葡萄皮中的色素，尤其是花色苷，会随着成熟逐渐积累，导致葡萄从绿色转变为红色或紫色。类胡萝卜素的参与则赋予葡萄从橙色到黄色的多样色彩。这些色素的变化不仅改变了葡萄的外观，也对葡萄酒的色泽和口感产生了直接影响。

有机酸含量的变化和香气物质的合成也在葡萄成熟过程中扮演着重要角色。有机酸的变化影响了葡萄的口感和风味，而香气物质的合成则为葡萄酒赋予了独特的香气。

葡萄成熟是一个涉及众多化学物质变化和相互作用的复杂过程。这些化学物质的变化直接影响着葡萄的口感、香气和颜色，最终决定了葡萄酒的质量和口感特征。这一过程不仅展示了自然界的奇妙，也是葡萄酒酿造艺术的基础。

3 "你要静候 再静候"，人们常说"酒越陈越香"，这是由于什么？衡量这个酒品质好坏的标准是什么？

在探讨"酒越陈越香"的科学原理时，我们深入到葡萄酒的化学世界，这不仅是自然与时间的协作艺术，亦是一门严谨的科学。

葡萄酒的生命周期始于发酵，这一阶段见证了糖分转化为乙醇的关键步骤。然而，其化学旅程并未在此止步。随着时间的推移，瓶中陈年的葡萄酒经历了复杂的化学变化，这些变化主要涉及酯化反应。在初次发酵之后，乙醇与各类有机酸（如醋酸）继续相互作用，通过酯化作用生成酯类化合物，例如乙酸乙酯，这是构成葡萄酒特有香气的重要组成部分。这一系列化学反应可抽象概括为：

$$CH_3COOH+C_2H_5OH \rightarrow CH_3COOC_2H_5+H_2O$$

即醋酸与乙醇结合生成乙酸乙酯并释放水分子。

陈年过程中，这些酯类及其他芳香化合物不断演变，促进了葡萄酒香气和口感的多层次发展，从而实现了口感的丰富与深度的增强。值得注意的是，这一过程并非无限制的增益——每种葡萄酒都有其最佳陈年期限，超过这一时限，风味可能开始衰退。

评价葡萄酒的品质，是一个多维度考量的过程，包括但不限于色泽、香气复合度、口感平衡等。理想状态下，优质葡萄酒应展现出清澈透亮的色泽，映射出原料的纯净与成熟度；其香气应丰富而和谐，能够唤起品鉴者的愉悦感；口感则需达到酸度、单宁、酒精度和甜度的完美平衡，确保每一口都是细腻而满足的体验。

醒酒作为提升品鉴体验的关键环节，通过促进酒液与氧气的接触，促使酒中含有的二氧化硫等挥发性物质逸散，减少尖锐的氧化味，同时促进香气的释放与口感的柔化。这一过程对展现葡萄酒的完整风味至关重要。

"酒越陈越香"不仅是对葡萄酒陈年魅力的形象表达，也是对其背后复杂化学反应的科学诠释。理解葡萄酒品质的评价体系，要求我们综合考虑化学变化、感官体验以及酿造与存储条件等多个因素。每一瓶葡萄酒都是自然与人类智慧的结晶，其独特的风味之旅，是对时间与科学完美融合的最佳见证。

4 在化学中，哪些因素会影响反应速率？我们如何控制这些因素来加速或减慢反应？

在探索酿酒的奥秘时，我们常被需要特定温度酒窖的酿酒过程所吸引。正如酒窖中的温度对酒的陈化过程至关重要一样，在化学反应中，温度也是影响反应速率最显著的因素之一。通常情况下，随着温度的升高，分子的平均动能增加，碰撞频率和碰撞能量也随之增加，从而加快了反应速率。这个过程有点类似于酒窖中温度的影响：适宜的温度会促进化学反应的进行，加速反应速率，就像温暖的酒窖会促进酒的陈化一样。

与此同时，反应物质的浓度也是另一个重要因素。反应物质的浓度越高，反应物质之间的碰撞频率越高，反应速率也会增加。这种情况可以类比于酿酒过程中，需要特定成分的高浓度来确保酒的品质。此外，物理状态的改变，如固体、液体或气体的形式，也会影响反应速率。通常情况下，气体反应比液体或固体反应更快，这是因为气体分子之间的间隔较大，碰撞更为频繁。

而催化剂则是一种能够提高反应速率但不被消耗的物质。通过降低反应物质之间的活化能来加速反应。这种作用有些类似于酿酒中的发酵剂或酵母，它们在反应过程中不会被消耗，但能够促进反应的进行。

除了这些因素外，溶剂、压力、表面积等因素也可能对某些反应的速率产生影响。控制这些因素来加速或减慢反应，我们可以采取不同的方法。例如，通过调节温度，可以增加或降低反应速率。增加反应物质的浓度也可以加快反应速率。使用催化剂可以降低反应的活化能，从而加速反应进行。此外，选择适当的溶剂、调整压力、改变反应物质的物理状态等方法也可以控制反应速率。

无论是酿酒还是化学实验，都需要一定的条件来促进反应的进行，而理解这些因素如何影响反应速率，就像掌握酿酒过程中的温度、成分和催化剂一样，是成功的关键。

走四方

1 从鲜美的葡萄到醇香的美酒，人们为什么对"酒"这一物质，无比喜爱？

人类对发酵产生酒精的认知，其根源深埋于自然界的偶然馈赠——古时候，人们在日常生活中观察到面包发酵膨胀与果汁在特定环境下的酒精转化，这些天然奇迹启迪了他们酿造酒精饮料的智慧。此后，随着发酵技艺的日臻完善及蒸馏技术的引入，酒精提炼的浓度实现了历史性跨越。

葡萄酒，这一穿越时空而魅力不减的玉液琼浆，自古以来即被视为珍贵的享受。它之所以令人痴迷，不仅因为那饱满的口感与醉人的香气，更在于其化学成分的深邃与演变历程，这些化学魔术般的变化唤醒了人们对美好情感与珍贵记忆的共鸣。在古老而神秘的发酵艺术中，酵母轻舞于葡萄汁液，巧妙地将糖分转化为乙醇与二氧化碳，奠定了葡萄酒的结构基础，同时唤醒了一个由万千风味分子交织而成的味觉盛宴，每一种组合都赋予了葡萄酒独一无二的个性。

葡萄酒的风味密码，深藏于其生长的风土、精选的葡萄品种、四季的气候变化，以及精心设计的发酵程序之中。法国夏布利产区那富含石灰岩的土壤，就是大自然与霞多丽葡萄酒间秘密约定的见证，它赋予了酒液一抹独特的烟熏与矿石风味，彰显了地域特色与葡萄酒风味间的不解之缘。葡萄酒的化学魔法不仅编织出一场感官的狂欢，更触及心灵，唤醒愉悦回忆，强化人际纽带，因而在人类的文化与历史篇章中占据着举足轻重的地位。

谈及酒精浓度的极限，科学揭示了一个有趣的瓶颈——乙醇与水形成的共沸混合物，其共沸点定格在大约 78.15℃，此时乙醇浓度约为 95%，这几乎成为简单蒸馏技术的纯度天花板。欲突破这一界限，追求更高纯度的酒精，现代科技借助分子筛、精细萃取等先进手段，挑战自然法则的微妙平衡。共沸现象，作为化学世界的一朵奇葩，不仅揭示了蒸馏艺术背后的复杂与精妙，也拓宽了我们对自然界法则的认识，更在化学工程与工业生产领域内扮演着核心角色，其影响力深远而迷人。

2 世界红酒之乡与农药"波尔多液"的故事

波尔多，这座坐落在法国西南部的城市，作为全球葡萄酒贸易的枢纽而闻名遐迩。每隔一年，这里都会举办 Vinexpo——一个国际知名的葡萄酒展览会，吸引着世界各地的酒商和爱好者。

回溯到 19 世纪末的 1878 年，波尔多遭遇了一场葡萄园的灾难。

一种被称为"霉叶病"的植物病害肆虐葡萄园,导致葡萄树枝叶枯萎,葡萄产业面临严重威胁。当时的园主们对此束手无策。

然而,一位名叫米拉德的植物学教授却有所发现。他注意到,那些位于公路旁边、未受霉叶病影响的葡萄树上,叶片和茎干上都覆盖着一层蓝白色的物质。经过调查,他得知这是园主为了防止路人偷吃葡萄而撒上的一种混合物,由熟石灰和硫酸铜溶液制成。米拉德教授随后进行了一系列实验,证实了这种混合物具有显著的杀菌效果。由于这种农药是在波尔多被发现的,因此被命名为"波尔多液",这也是这种早期农药的起源。

波尔多液究竟是什么呢?让我们揭开它的神秘面纱!

波尔多液是一种无机铜基杀菌剂。它的有效成分包括硫酸铜、氢氧化铜和氢氧化钙的混合物($CuSO_4 \cdot xCu(OH)_2 \cdot yCa(OH)_2 \cdot zH_2O$)。

波尔多液的制作原理相当简单:熟石灰与硫酸铜发生化学反应,生成碱式硫酸铜。这种天蓝色的胶状悬浊液由硫酸铜、熟石灰和水按一定比例混合而成,通常呈碱性。它的黏附性能极佳,能够牢固地附着在葡萄藤或叶片上,有效杀灭病虫,保护葡萄树免受害虫侵扰。这一发现不仅挽救了波尔多的葡萄产业,也为全球农业提供了一种重要的植物保护手段。

趣实验

在水果店中常见的新鲜葡萄,因其饱满的外观同时能够给人带来甜蜜的味觉体验而备受人们的喜爱。除此之外,在果脯店也常能见到葡萄的身影,不过换了一副模样,被厂家制作成葡萄干,这小小的葡萄干又有什么奥秘值得探寻呢?

将葡萄干浸泡在清水中一段时间后,会发现葡萄干由于吸水膨胀,表皮变得十分光滑。这是因为,在渗透过程中,水分子通过植物的细胞膜,从溶液浓度小的一侧移动到溶液浓度大的一侧。干瘪的葡萄干由于水分较少,因此溶液浓度很大。杯子中的水会穿过葡萄干的细胞膜,进入葡萄干的细胞。一旦葡萄干的细胞充满水,葡萄干就会膨胀起来。

光滑的葡萄干

做总结

《葡萄成熟时》的歌词通过葡萄的种植、等候、收成的过程,阐述了作者对人生、爱情的独特观点。经营爱情犹如种植葡萄,倾注全力,细心灌溉,结果却未必满载而归,最终得到的或许只是枯枝。但却不能因此放弃,错过了春天,还会花开,错过是爱情中必经的配菜,最终会尝到爱酿成的美酒。

16 人类掌握的第一个化学反应——火

《小苹果》

《小苹果》（节选）

……
你是我的小呀小苹果儿
怎么爱你都不嫌多
红红的小脸儿温暖我的心窝
点亮我生命的火 火火火火火
……

作词：王太利

🎵 歌曲简介

《小苹果》是筷子兄弟演唱的歌曲,由王太利创作词曲,是电影《老男孩之猛龙过江》的宣传曲。

2014 年,该歌曲获得全美音乐奖"年度国际最佳流行音乐奖"、Mnet 亚洲音乐大奖(Mnet Asian Music Awards)"中国最受欢迎歌曲奖"。

《小苹果》传承了筷子兄弟亲民和接地气的特质,曲调欢乐,极具特色的节奏,一度成为"广场舞神曲"。

二、析歌词

《小苹果》是一首充满复古迪斯科风格的歌曲,以其欢快的旋律和朗朗上口的歌词迅速走红,成为广为人知的洗脑神曲。这首歌曲是作者向经典迪斯科舞曲致敬,同时也表达了对青春的怀念。歌词"你是我的小呀小苹果"这样的表述,实际上是在形容一个人对另一个人的珍视和喜爱,就像是把对方当作自己的小苹果一样呵护。这种比喻赋予歌曲更多的情感色彩,让人感受到歌曲背后的温暖和甜蜜。

学知识

1 "火"的本质是什么?

在生活中,我们对"火"再熟悉不过了,但"火"到底是什么呢?

"火"是气体、液体或者固体吗?都不是,准确地说,"火"本质上是一种能量形式。

从化学角度认识,火的本质是一种能量转化的过程,在这个转化过程中,化学能被转化为热能和光能。具体来说,火是由燃料(如蜡或油)与空气中的氧气发生化学反应而产生的。燃烧时,燃料分子中的化学键断裂并释放能量,这些能量会与氧气分子结合形成新的化学键。除了化学能转化为热能和光能外,火还可以由其他形式的能量产生,例如电能、机械能、生物热能等。根据爱因斯坦的质能方程:$E=mc^2$,说明火焰越强,释放的能量越大。此外,火的氧化反应区别于缓慢的氧化还原反应,比如:钢铁生锈,食物消化都不能称为火。

2 火焰产生的条件有哪些呢?

火的产生需要三个条件:

①可燃物;

②着火点;

③助燃剂或氧化剂。

三项并存火才能形成,缺一不可。当可燃性的物质(燃料)和足量的氧化剂(如氧气、高含氧量的物质或是其他不含氧的氧化剂)混合,暴露在热源或是高于燃料及氧化剂混合物闪点的温度时,就会起火燃烧。燃烧是物质与氧化物之间的放热反应,它通常会同时释放出火焰、可见光和烟雾。

在生活中,我们常见熄灭的蜡烛复燃的现象,这是为什么呢?

蜡烛冒出的白烟,就是焰心未燃烧的石蜡蒸气,石蜡具有可燃性，点燃白烟就能自上而下重新引燃蜡烛，使蜡烛复燃。

3 为什么在化学实验中进行加热操作时往往使用外焰加热？

火的可见部分称作焰（图 16-1），是燃烧产生的一种现象，可以随着粒子的振动而有不同的形状。

图 16-1 ▲ 火焰

实验室常用酒精灯作为加热的器具。酒精灯火焰分为焰心、内焰和外焰三部分，火焰温度由内向外依次增高，因此加热时应用外焰加热。

焰心：中心的黑暗部分，由能燃烧而还未燃烧的气体所组成，温度低。

内焰：包围焰心的最明亮部分，是气体未完全燃烧的部分，温度较高。

外焰：最外层浅黄或透明的区域，也叫作反应区。外焰与外界大气充分接触，燃烧时与环境的能量交换最容易，热量释放最多，是气体完全燃烧的部分,温度最高。

火焰是一种高温热源,它有辐射传热、传导传热和对流传热三种方式。

辐射传热是指所有物体都会向四周辐射电磁波,辐射强度和温度(绝对温标)四次方成正比,所以高温物体辐射比低温物体辐射强。从高温物体辐射到低温物体的能量比从低温物体辐射到高温物体的能量多,能量就从高温物体通过辐射转移到低温物体了。例如酒精灯加热就是一种辐射传热方式。

传导传热又称之为接触传热,其实就是分子碰撞,高温物体分子(原子)运动速度快,和低温物体接触的时候,就会通过碰撞把动能传递给低温物体的分子。

对流传热则是通过重力或者人工搅拌把低温液体里刚刚获得能量的分子带走,让其他低温分子来吸收能量,本质上还是接触传热。

4 金属燃烧中的科学密码

不同金属灼烧的火焰颜色不同,这种现象在化学学科中被称为金属的焰色反应,我们可以借助金属燃烧后产生的不同的火焰颜色来初步鉴别金属元素。

看焰色,识温度

观察火焰颜色,判断火焰温度,以燃烧碳为例:

红色:500℃~1000℃

橙色:1000℃~1200℃

白色:1200℃~1500℃

蓝色:1700℃~1900℃,此时是火焰中最富氧的火焰。

燃烧碳能够产生最热的火是由氧乙炔火炬，大约3000℃产生的，该火炬将氧气和气体结合在一起，产生蓝色火焰。

常见的烟花就是一种焰色反应，这种反应的原理是什么呢？

这种现象实际上就涉及焰色反应，其原理是金属元素的原子在接受火焰提供的能量时，其外层电子会被激发到能量较高的激发态。处于激发态的外层电子不稳定，又要跃迁到能量较低的基态。不同元素原子的外层电子具有不同能量的基态和激发态，在这个过程中就会产生不同波长的电磁波，如果这种电磁波的波长是在可见光波长范围内，就会在火焰中观察到这种元素的特征颜色。

5 火灾的伤与痛

近些年在新闻上常见由于消防意识的缺乏而酿造的火灾惨案，火灾也被认为是最经常、最普遍地威胁公众安全和社会发展的主要灾害之一。

2018年9月2日晚，巴西国家博物馆突发火灾。三层结构的博物馆基本烧毁，仅有部分陨古、矿石和陶器得以幸免，占总数的10%。巴西国家博物馆成立于1818年，是美洲地区最大的人文和自然历史博物馆。相当于10个北京故宫、2.5个大英博物馆的文物量。馆藏文物2000万件，包括古埃及、古希腊等各类文物和历史文献，其历史可追溯到5000年前，具有十分重要的文化内涵和历史价值。

可见，火灾对于人类社会来说是可怕的，除了带来经济损失之外，严重的很可能危害人类的生命安全。除了日常对于火苗或者用电器的规范使用外，我们还需要学会使用工具，这样能够有效应对突发状况，在危险来临之际最大限度地降低损失，方法之一便是懂得合理使用灭火器。

常见灭火器的适用范围：

①干粉灭火器：可燃固体物质、可燃液体、可燃气体、电器设备。

②泡沫灭火器：液体火灾、固体表面火灾、燃气火灾、厨房油脂火灾。

③二氧化碳灭火器：电器设备、可燃液体、可燃气体。

当熊熊燃烧的火灾缺少火产生三要素的任意一个时，即可达到灭火的效果。

6 火灾的类型

从上文中提到的常见灭火器的适用范围可知，并不是所有的火灾情景可以使用一种灭火的方法，不同的类型要采取不同的防治方法，只有知道具体的才能够对应寻找解决的办法，那么大致有哪些火灾类型呢？

火灾根据可燃物的类型和燃烧特性，分为A、B、C、D、E、F六大类。

A类火灾：指固体物质火灾。如木材、煤炭、棉、纸张、塑料等火灾。

B类火灾：指液体或可熔化的固体物质火灾。如煤油、柴油、原油、甲醇、乙醇、沥青、石蜡等火灾。

C类火灾：指气体火灾。如煤气、天然气、甲烷、乙烷、丙烷、氢气等火灾。

D类火灾：指金属火灾。如钾、钠、镁、钛、锆、锂、铝镁合金等火灾。

E类火灾：指带电火灾。物体带电燃烧的火灾。

F类火灾：指烹饪器具内的烹饪物（如动植物油脂）火灾。

7 如何在火灾中自救？

虽然说已经对几种常见的火灾类型以及常见的几种灭火器使用的对象进行了简单说明，但是若很不幸深陷火海之中，我们又能够采取什么行动完成自救呢？

首先，被困人员应有良好的心理素质，保持镇静，不要惊慌，不盲目地行动，选择正确的逃生方法。

其次，火灾袭来时要迅速逃生，不要贪恋财物，紧急寻找逃生出口，切记遇火灾不可乘坐电梯，要向安全出口方向逃生。当火势不是很大时，应沿着消防通道迅速往楼下跑。

再次，遇到浓烟时采取低姿势爬行，由于热空气上升的作用，大量的浓烟将飘浮在上层，离地面低层有空气，并记得在逃生过程中用湿毛巾捂住口鼻防止被浓烟呛住。

最后，除了上述几点，这一点也十分重要，人在紧急情况下，总是向着有光亮的方向逃生。但是，这时火场中，电源多半已被切断或已短路跳闸，光亮之地正是火魔肆虐之处，若实在找不到好的方法，也千万不要盲目跳楼，可利用疏散楼梯、阳台、落水管等逃生自救。

走四方

1 墓地"鬼火"真的是死人的阴魂吗?用科学破除迷信,这与鬼怪之说可没关系!

许多人声称目击了一种神秘的火焰现象,由于有些民众不知鬼火成因,只知此火多出现在墓地,且忽隐忽现,因此称这种神秘的火焰作"鬼火"。加上通信技术相对落后,人们对这种现象的解释和传播往往依赖于口头传说或小道消息,这导致了夸大的传说和误解的产生,使得"鬼火"现象更加神秘和引人关注。

1669年,德国炼金术士勃兰德在发现磷后,通过研究发现鬼火的形成与磷有关,就用了希腊文的"鬼火"来命名这种物质。

"鬼火"是化学中的自燃现象,也被称为"磷火",这种现象常发生在夏季的坟墓周围。

那为什么"鬼火"这一现象会频发在墓地呢?

因为人体的骨骼里含有较多的磷酸钙,尸体腐烂过程中发生各种化学反应,磷元素会转化成磷化氢。

磷化氢是一种气体物质,燃点很低,在常温下,磷化氢沿着孔洞冒出,遇空气接触便会自燃,发出蓝色的火焰。

"鬼火"多见于盛夏之夜,这是因为盛夏天气炎热,温度很高,化学反应速度加快,磷化氢易于形成,由于气温高,磷化氢也易于自燃。

"鬼火"追人,又是什么原因?由于磷火很轻,如果有风或人经过时带动空气流动,磷火也会跟着空气一起飘动,甚至伴随人的步伐。

趣实验

日常生活中常用的点火装置往往是火柴、打火机或者打火枪,你相信吗？在化学实验室不需要这些工具,只需要一根神奇的魔棒,便能够将酒精灯点燃！

具体实验操作：用滴管吸取少量的浓硫酸,将其滴在玻璃棒上(由于浓硫酸具有超强的腐蚀性,这一步骤一定需要专业人士进行操作,并且滴加浓硫酸时,需要在其下端用玻璃皿收集滴落的浓硫酸,以免产生危险),使用药匙取少量高锰酸钾颗粒放置于玻璃皿上,用之前经过浓硫酸处理的玻璃棒蘸取少量高锰酸钾,随后将沾有浓硫酸和高锰酸钾的玻璃棒靠近酒精灯的棉线,可以看到玻璃棒竟然可以将酒精灯点燃！

为什么会出现这一神奇的实验现象呢？这就要聊一聊其中包含的实验原理了。由于浓硫酸与高锰酸钾反应能够产生氧化性很强的七氧化二锰,七氧化二锰的氧化性比高锰酸钾更强,遇到有机物就强烈氧化放热使得有机物燃烧,这里的有机物指的就是酒精灯里的乙醇液体,同时七氧化二锰分解产生的氧气也起助燃作用,可将乙醇点燃。

魔棒点火

做总结

苹果是人们爱吃的水果,筷子兄弟认为用苹果比喻珍爱的人和物十分贴切，因此取名《小苹果》。这首歌曲的创作初衷就是配合电影《老男孩之猛龙过江》中的场景。筷子兄弟一直想在音乐中加入多样化的元素，因为他们小时候常听荷东、猛士等迪斯科舞曲，所以采用复古节奏搭配神曲元素，是为了致敬流行，怀念青春。